威士忌品鉴课堂

Whisky A Tasting Course

[英] 埃迪·勒德洛 / 著
孙立新 赵兰 欧禎 / 译
孙方勋 翁江来 / 审校

中国轻工业出版社

作者介绍

20世纪90年代末，埃迪·勒德洛（Eddie Ludlow）在奥德宾斯酒业（Oddbins）担任销售助理时，爱上了威士忌。

2005—2007年担任雅柏（Ardbeg）和格兰杰（Glenmorangie）的英国品牌大使后，埃迪和他的妻子阿曼达在2008年共同创立了威士忌酒廊（The Whisky Lounge）。其使命是转变所有那些对威士忌有兴趣人的观念，并培养他们的乐趣。

现在，威士忌酒廊每年都要接待成千上万的英国人，开展包括举办品酒会、节日庆典以及创办学校等活动。作为英国威士忌界最著名的人物之一，埃迪·勒德洛是双耳执杯拥有者、英国蒸馏酒同业工会（Worshipful Company of Distillers）成员以及国际葡萄酒暨烈酒大赛（IWSC）评审团成员。这是他的第一本书。

想了解更多关于埃迪·勒德洛的信息，请关注Facebook、Instagram和Twitter上的The Whisky Lounge公众号。您也可以访问威士忌酒廊的官方网站：www.thewhiskylounge.com。

译者介绍

孙立新，毕业于澳大利亚墨尔本皇家理工大学，现从事葡萄酒及烈酒文化推广及进出口贸易。曾翻译《自酿葡萄酒入门指南》一书。

赵兰，中国海洋大学外国语学院硕士研究生毕业，现从事高校教育工作。曾翻译《自酿葡萄酒入门指南》一书。

欧禛，中国海洋大学外国语学院硕士研究生。

审校介绍

孙方勋，中国酒业协会葡萄酒技术委员会委员、国家级评酒委员、高级酿酒工程师，国家葡萄酒及白酒、露酒产品质量监督检验中心专家。曾出版《世界葡萄酒和蒸馏酒知识》《葡萄酒职场圣经》等多部专著。

翁江来，毕业于中国农业大学食品科学与营养工程学院，现担任爱尔兰中资企业商会董事会秘书，定居爱尔兰，从事威士忌和其他烈酒研究。

图书在版编目（CIP）数据

威士忌品鉴课堂 /（英）埃迪·勒德洛著；孙立新，赵兰，欧禛译. —北京：中国轻工业出版社，2021.12
ISBN 978-7-5184-3058-1

Ⅰ. ①威… Ⅱ. ①埃… ②孙… ③赵… ④欧… Ⅲ. ①威士忌酒－品鉴 Ⅳ. ①TS262.3

中国版本图书馆CIP数据核字（2020）第112958号

本书中插图系原文插图，审图号：GS（2021）6155号
责任编辑：江　娟　靳雅帅
责任终审：张乃柬　　版式设计：锋尚设计
策划编辑：江　娟　靳雅帅　　封面设计：奇文云海
责任监印：张　可　　责任校对：朱燕春

出版发行：中国轻工业出版社（北京东长安街6号，邮编：100740）
印　　刷：鸿博昊天科技有限公司
经　　销：各地新华书店
版　　次：2021年12月第1版第1次印刷
开　　本：710×1000　1/16　印张：14
字　　数：180千字
书　　号：ISBN 978-7-5184-3058-1　定价：118.00元
邮购电话：010-65241695
发行电话：010-85119835　传真：85113293
网　　址：http://www.chlip.com.cn
Email：club@chlip.com.cn
如发现图书残缺请与我社邮购联系调换
191050S1X101ZYW

For the curious
www.dk.com

目录

中文版序

尽管威士忌的起源已无法考证，但它发展壮大于爱尔兰和苏格兰，是酒业公认的历史事实。虽历经风雨波折，威士忌最终还是成为世间佳酿，被誉为“生命之水”。

如今，威士忌热潮不退。除爱尔兰和苏格兰外，威士忌版图已扩张至全球，欧洲一些国家、北美的加拿大与美国、亚洲的日本和大洋洲的澳大利亚等都是威士忌的产地。在这个扩张过程中，威士忌的世界更加丰富，不同国家的人们使用不同的谷物原料、蒸馏工艺和熟成方式，以各自的独特风格丰富着威士忌的艺术。

我国最早的威士忌生产是在1914年，产自山东省青岛市，这是一家由德国人创建的前店后厂式的生产作坊。这家作坊于1930年被德商“美最时洋行”收购后，被命名为“美口（Melco）酒厂”。1947年开始归属于青岛啤酒厂，1949年青岛解放后，成为青岛啤酒厂的一个果酒车间，但对外仍称为“美口酒厂”，1959年改名为“青岛葡萄酒厂”。1964年青岛葡萄酒厂与青岛啤酒厂分离，成为独立经营的国营企业。

为了提高我国威士忌的产品质量，1973年，作为轻工业部重点科研项目，成立了以全国专业科研机构、骨干企业的技术精英为主体，以青岛葡萄酒厂为基地的优质威士忌研究小组。笔者的老师——原青岛葡萄酒厂总工程师王好德先生，正是该项目的首席专家兼负责人。研究小组从大麦原料、泥煤风味、发酵菌种、蒸馏提纯和木桶熟成等工艺着手，进行了多年研究，获得大量科研数据，成功研制出麦芽威士忌。1977年，经轻工业部组织的专家在北京对项目进行鉴定，结论是：具有苏格兰威士忌风格，达到日本“寿”字牌水平。笔者于1982年分配到青岛葡萄酒厂后，有幸参与了威士忌后期的生产过程。

虽然，当时国产威士忌的研究取得了巨大成功，产品在国内高端市场受到欢迎并出口国外。然而，就像威士忌的发展历史充满波折一样，中国威士忌同样受困于当时国人的消费水平、消费习惯和文化差异，在过去近半个世纪里未能得到充分的发展。伴随着改革开放的脚步，国人的生活和文化水平日渐提高，“威士忌热”最近在国内又悄然兴起。如今，威士忌已变成时尚的标签，威士忌的春天已经来临。

*Whisky A Tasting Course*知识面广，专业性强，且通俗易懂，不仅适合威士忌专业人士，也适合于威士忌爱好者。如今，终于等到了本书的中译版。

*Whisky A Tasting Course*没有关于“中国大陆”威士忌的介绍。我国作为酒类生产和消费大国，具有悠久的酿造历史和深厚的酒文化底蕴。一本介绍关于世界酒类的著作，如果缺少中国元素，总会觉得有所缺失。经过与DK沟通，最终将“中国大陆”章节写入，使《威士忌品鉴课堂》的内容得以完善。

《威士忌品鉴课堂》的翻译团队都是年轻一代，他们不仅具有良好的教育背景和英语基础，也都热爱威士忌事业，因此能够以专业和热忱翻译此书。

所有的事业都离不开人的参与和努力，就如这本书的翻译和出版一样。去年，笔者成立了“勋之堡威士忌财富俱乐部”，也是希望能给业内人士及爱好者提供一个平台，为威士忌在中国的发展尽一点绵薄之力。

中国酒业协会葡萄酒技术委员会委员、高级酿酒工程师　孙方勋

2021年5月

前言

像大多数人一样，我第一次品尝威士忌时的年龄实在是太小了。不出所料，我真的不喜欢它。

我的第一份工作是在饮品行业做一名销售助理，地点是英国泰恩河畔纽卡斯尔的奥德宾斯（Oddbins）酒业连锁店。因为当时这份工作对我来说非常重要，所以便迫不及待前去上班，也就是在那个时候，我开始体会到了烈酒的滋味。在此之前，为解决生计问题我曾在酒吧干过临时工。除此之外，我再没有任何与酒业工作相关的经历。而这份销售助理的工作，便是我与威士忌缘分的开端。我发现，在这个奇妙的地方，人们对自己所销售的酒，自始至终都充满着自信，而且对它了如指掌。在他们的影响下，我很快就学会了指导顾客们品尝葡萄酒和威士忌。但是，相对于葡萄酒，我更迷恋威士忌，它占据我大量的精力和时间。去了几趟苏格兰，我就将自己的一切投入到了威士忌的世界中，而且更加喜爱它。

后来，我担任了雅柏（Ardbeg）和格兰杰（Glenmorangie）品牌大使，第一次与业内一些主要威士忌制造商有了直接接触，一生的友谊就此开始形成，经常也会和他们一起喝上几杯……

然而，我意识到，我需要和人们谈论更多的著名威士忌，而不仅仅是局限于几个品牌，这就是为什么我和妻子阿曼达（Amanda）于2008年毅然决定放弃全职工作，成立威士忌酒廊（The Whisky Lounge）的原因。

威士忌酒廊成立之初，我一个人驾驶着那辆破旧的汽车，去全国各地向威士忌爱好者讲解威士忌的好处。刚开始我们的威士忌酒廊在伦敦只有十个人，而在布赖顿也只有十二个人，然而这并不重要，因为我在做自己喜欢的事。阿曼达加入我的事业后，我们花了很长时间才把生意建立起来，但是无论多么艰难，我们最终做到了。无论是过去还是现在，人们都需要了解威士忌，我们在尽自己的一份力量同大家来共享威士忌知识。

希望通过这本书，帮助人们解决认识威士忌过程中所遇到的疑难问题。我不是一个科学家，也不是熟悉威士忌酿造秘方的研究人员。在游历威士忌世界的征途中，我会了解一些威士忌的知识和情况，但那不是本书创作的意义所在，这本书的主要内容是介绍我每天所做的事，以及鉴别威士忌的办法——品尝。其他一切都由此而来，这就是本书的核心和灵魂。希望您能喜欢这本书。

Eddie Ludlow

第一章 1

什么是威士忌

“威士忌”是一个重要的概念，回答这个问题，其实就是探讨这款富有典型性饮品的特色，了解它丰富的多样性和无限的复杂性。在这一章，最为重要的问题是：为什么品尝威士忌？威士忌有什么“故事”？为什么它在世界范围内会得到如此高的评价？它是如何制酿成的？通过这本书，充分感受威士忌的迷人魅力之前，要首先知道什么是威士忌。这些都是威士忌品鉴之旅的重要组成部分。

▲ **威士忌可选品种众多。**有各种风格的数百种品牌，要找到“你”喜欢的威士忌需要时间。

为什么要品鉴威士忌？

这个问题的答案，似乎是显而易见的，但了解威士忌最好的方法就是品鉴。这种方法不是“豪饮”，而是“品尝”，它们之间是存在显著差异的。希望在你找到适合自己的威士忌过程中，这本书能够提供一些帮助。

威士忌是世界上最受欢迎的烈酒之一，但就像它浓郁的味道一样，威士忌看起来太复杂，甚至令人困惑，以至于难以理解。

在苏格兰、爱尔兰、美国和加拿大等传统威士忌产区，其酿酒厂数量之多，令人眼花缭乱。再加上日本、瑞典、中国台湾和澳大利亚这些新兴的产地，威士忌的世界似乎也太大了。从哪里开始着手研究这个复杂的课题呢？其中最重要的点又是什么呢？

掌握基本知识

就本书而言，关键之处在于掌握威士忌的品尝技巧。酒倒入酒杯后，要按品尝的要求操作。只有这样，才能够学会识别和诠释威士忌，这是掌握和了解威士忌多种口味和风格的最佳方法。通过味觉，你应该能够回答以下问题：

- 为什么这种威士忌是这种味道？
- 如果我喜欢这种威士忌，我还会喜欢什么其他的威士忌呢？
- 怎样才能更好地品鉴我买的威士忌呢？
- 我该如何描述威士忌的味道呢？

没有两种口味完全相同的威士忌

味道归根结底还是个人体验，这是探索威士忌最基础的训练。

可能你感受到的威士忌味道，与你旁边的人品尝的感觉完全不一样，这就是为什么要学习威士忌品鉴“语言”了。因为只有这样，随着信心的增加，味觉的不断提高，你的威士忌专有词汇量也会增加，最终就可以与他人分享你对威士忌品鉴的独特见解。

享受威士忌首先要知道如何品尝，学会这一点，品尝的过程才不会出现大的失误。

▶ **品鉴体验**。你可以在威士忌中加入水、冰或混合物，也可以任何东西都不加。但要记住，一定要适量。

开启 20 个品鉴训练课程

▲ **读完这本书，**你应该会喜欢上威士忌——或者至少能够成为威士忌选酒师。

这本书共有20个威士忌品鉴训练，这是经过精心设计的，包含了世界各地的威士忌种类。

在每一次品鉴训练中，你会学到：

- 四款威士忌的特点；
- 有关威士忌的详细信息，以及寻找线索；
- 一份品鉴“结论”；
- 怎样选择可能喜欢的其他威士忌风格；
- 帮助你识别四款威士忌特征的风味图；
- 可替代威士忌的建议。

课程的聚焦点一直都是在风味上：它是什么？如何识别它？为什么掌握了风味就意味着掌握了威士忌？

威士忌的历史

尽管现在威士忌随处可见，但其历史相当复杂，它的真正起源模糊不清，早已超越了苏格兰的历史迷雾，又回到了时间的迷雾之中。

许多人认为威士忌是在苏格兰或者爱尔兰“发明”的，但是它真正的起源却有多种说法。

源于中东?

这一切都源于穆斯林炼金术士阿布·穆萨·贾比尔·伊本·哈杨（Abu Musa Jabir ibn Hayyan），是他最先制造了一种后来被称为“生命之水”的液体。

贾比尔的作品后来被欧洲的僧侣翻译成了拉丁文。而关于威士忌的最早文献记录是在1494年的苏格兰，据国家行政档案记载，当时在苏格兰国王詹姆斯四世的要求下，天主教修士约翰·科奥（John Cor）购了八箱麦芽作为原料，在位于西北地区的法夫郡（Fife）的林多雷斯修道院，酿造了第一批“生命之水”。

威士忌的种类进化

那个时候的“威士忌”与我们现在所想象的大不相同，它可能更像威士忌烧酒，加入了当地的一些动植物成分，如石楠、薰衣草和蜂蜜，以使它的味道变得更好。在当时这种蒸馏方式一直占据主导地位，直到18世纪末商业蒸馏在苏格兰和爱尔兰兴起。

威士忌在美洲的传播

几千英里（1英里=1609.344米）之外，来自爱尔兰、苏格兰、德国和荷兰等地的移民，定居到美国和加拿大，他们在新的家园中发展不同的蒸馏技术。最终在18世纪末，由玉米酿制而成的波本威士忌在美国肯塔基州（Kentucky）诞生，而在更为遥远的北美，黑麦成为蒸馏烈酒的首选谷物。尽管威士忌历史发展历经风风雨雨，但最终依然在世界各地得以传播，其热潮迅速蔓延全球。

第一次提到类似威士忌液体的文献记录是在 1494 年的苏格兰。

威士忌发展的时间轨迹

1506年
苏格兰国王詹姆斯四世在邓迪镇从外科医师协会购买了大量的威士忌

1608年
北爱尔兰的老布什米尔酒厂获得烈酒蒸馏许可证

1920-1933年
美国实行禁酒令

1935年
美国联邦法律规定，所有波本威士忌必须在新橡木桶中熟成。苏格兰威士忌制造商用波本威士忌桶来熟成，这使他们从中获益

公元前2000年
蒸馏术始于古代美索不达米亚

公元100年
第一个关于蒸馏的书面记录，来自古希腊弗载西亚斯（Aphrodisias）地区一位名为亚历山大（Alexander）的人

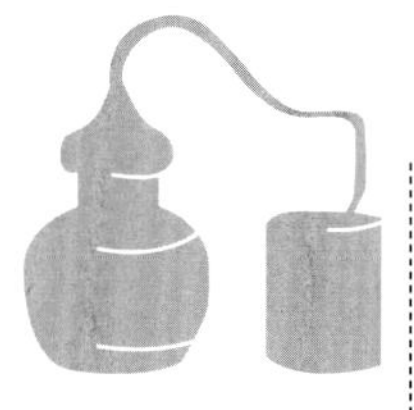

公元750年
阿布·穆萨·贾比尔完善了蒸馏器的设计

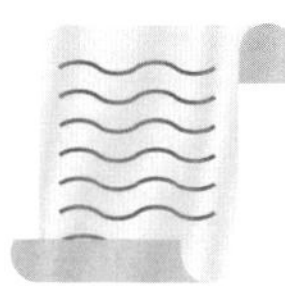

公元1494年
在苏格兰的一份财政税收记录中第一次提到类似威士忌液体的记录

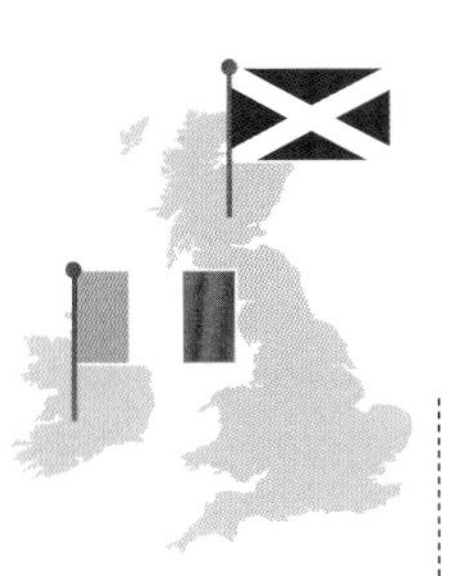

公元1000-1200年
蒸馏技术始于苏格兰和爱尔兰

1725年
“麦芽税”几乎终结了苏格兰的威士忌产业。许多酒商在晚上非法营业，酿造“私酒”

18世纪末
波本威士忌开始在美国肯塔基州生产

1820年
尊尼获加威士忌诞生

1823年
英国国会颁布《消费法》为合法蒸馏厂营造了比较宽松的税收环境，同时又大力“围剿”非法蒸馏厂

1880年
世界葡萄酒产量因根瘤蚜爆发而大幅下降，威士忌销量飙升

1850年
安德鲁·亚瑟（Andrew Usher）首次推出调和威士忌

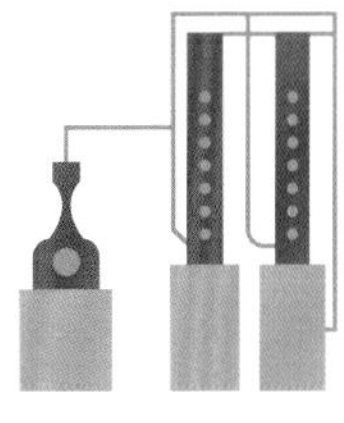

1831年
埃尼亚斯·科菲（Aeneas Coffey）发明了“科菲蒸馏器”

1964年
美国国会宣布波本威士忌为美国特有蒸馏酒

1994年
苏格兰威士忌诞生500周年

2004年
美国威士忌之旅正式启动

2015年
日本威士忌首次被评为世界“最佳威士忌”

威士忌的独特之处

尽管威士忌的地位不断受到挑战，但它在烈酒排行榜上仍高居榜首。那么，它是如何保持领先的呢？未来的威士忌制造业将何去何从？

起源

很多酒（干邑白兰地、朗姆酒和雅文邑白兰地）都有着悠久的历史，但威士忌的历史比它们都早。干邑和雅文邑只能在同名的原产地生产，但威士忌却能在世界各地广泛生产。威士忌可以通过无数种工艺组合创造而成，在口味上拥有着无限的想象力。

当然，从只在部分国家和地区受欢迎到风靡全球，威士忌的发展也是与机遇密不可分的。

国际影响力

苏格兰威士忌的销量，超过了其他所有的烈酒，而且这种情况

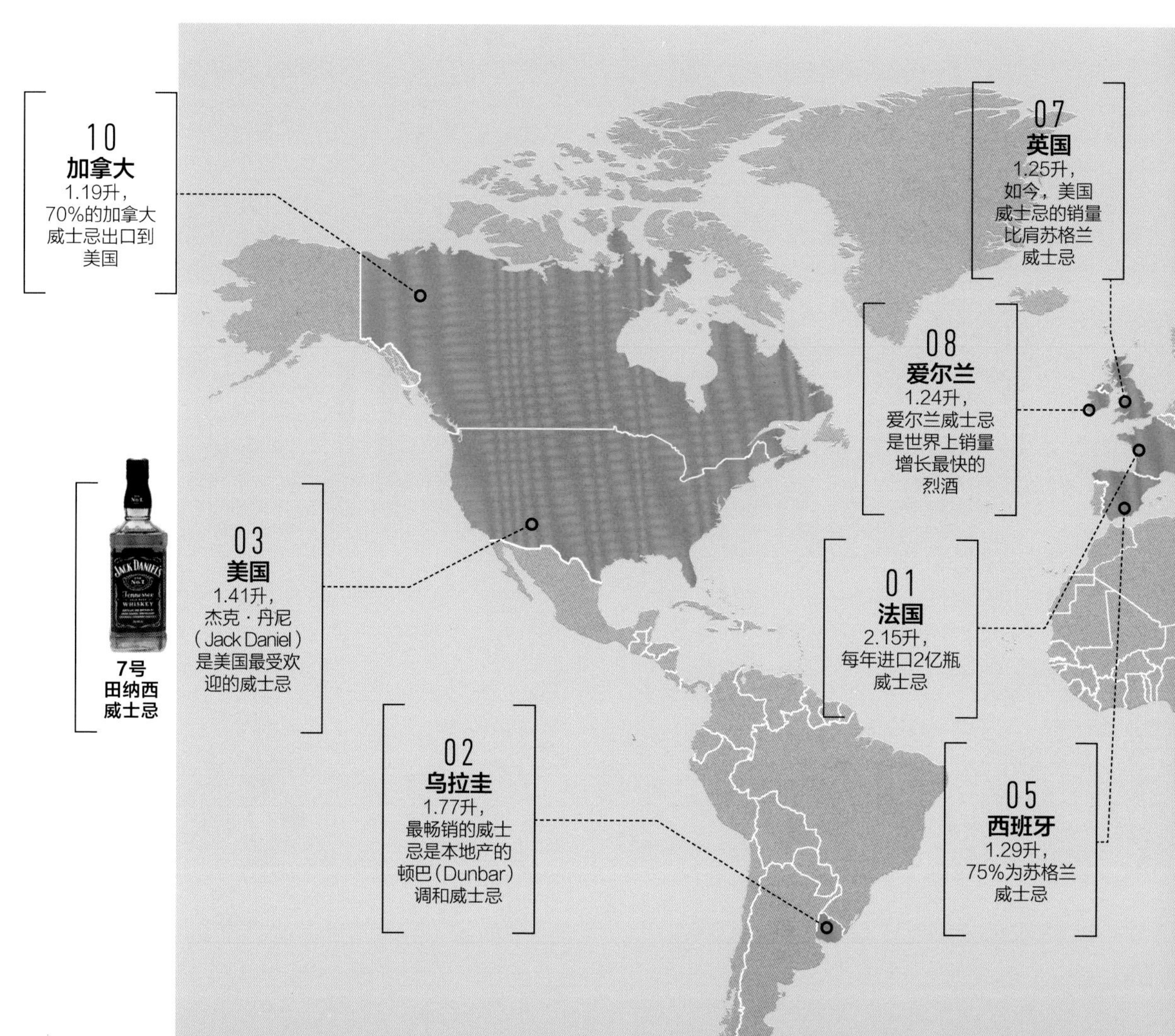

已经持续了几十年。它的出口量平稳，每年出口销售额超过40亿英镑（1英镑≈8.8元人民币），再加上每年约27亿的美国威士忌销售额，足以证明这是个被创造出来的“奇迹”。其中，苏格兰威士忌的销售额接近其竞争对手白兰地（包括干邑和雅文邑白兰地）的两倍。

备受欢迎的烈酒

现在有许多国家都生产威士忌，其中有很多非常优秀的产品。

威士忌早已超越了时尚和潮流的范畴。尽管威士忌的发展历经起起落落，但它仍保持着应有的领先地位，具有非常丰富的地域文化特色。在西班牙，人们通常将威士忌与可乐混合在一起喝；在日本，人们会加入苏打水和冰饮用，如高杯/嗨棒（Highball）；而在英国，人们会喝纯的威士忌或者加水威士忌。

威士忌也适用于鸡尾酒，对于顶级调酒师也是最大的挑战之一，因为它所呈现的味道极为复杂，很难掌控。

威士忌的产品创新

许多威士忌酿酒师在尊重传统、历史和规矩的同时，也在挑战自己的极限。由于威士忌的味道主要来自橡木桶，这极大地引起酿酒师的兴趣。

他们通常会使用之前已装过葡萄酒、雪莉酒和波特酒的橡木桶，进行威士忌的熟成，有些人甚至会更进一步，例如，一家著名的威士忌制造商使用了装过印度淡色爱尔啤酒（IPA）的橡木桶熟成威士忌。

在一些地方，精酿威士忌和微型酿酒厂正在大胆创新，以大米和荞麦等谷物为原料进行试验，以确保威士忌始终处于烈酒世界的前沿地位。

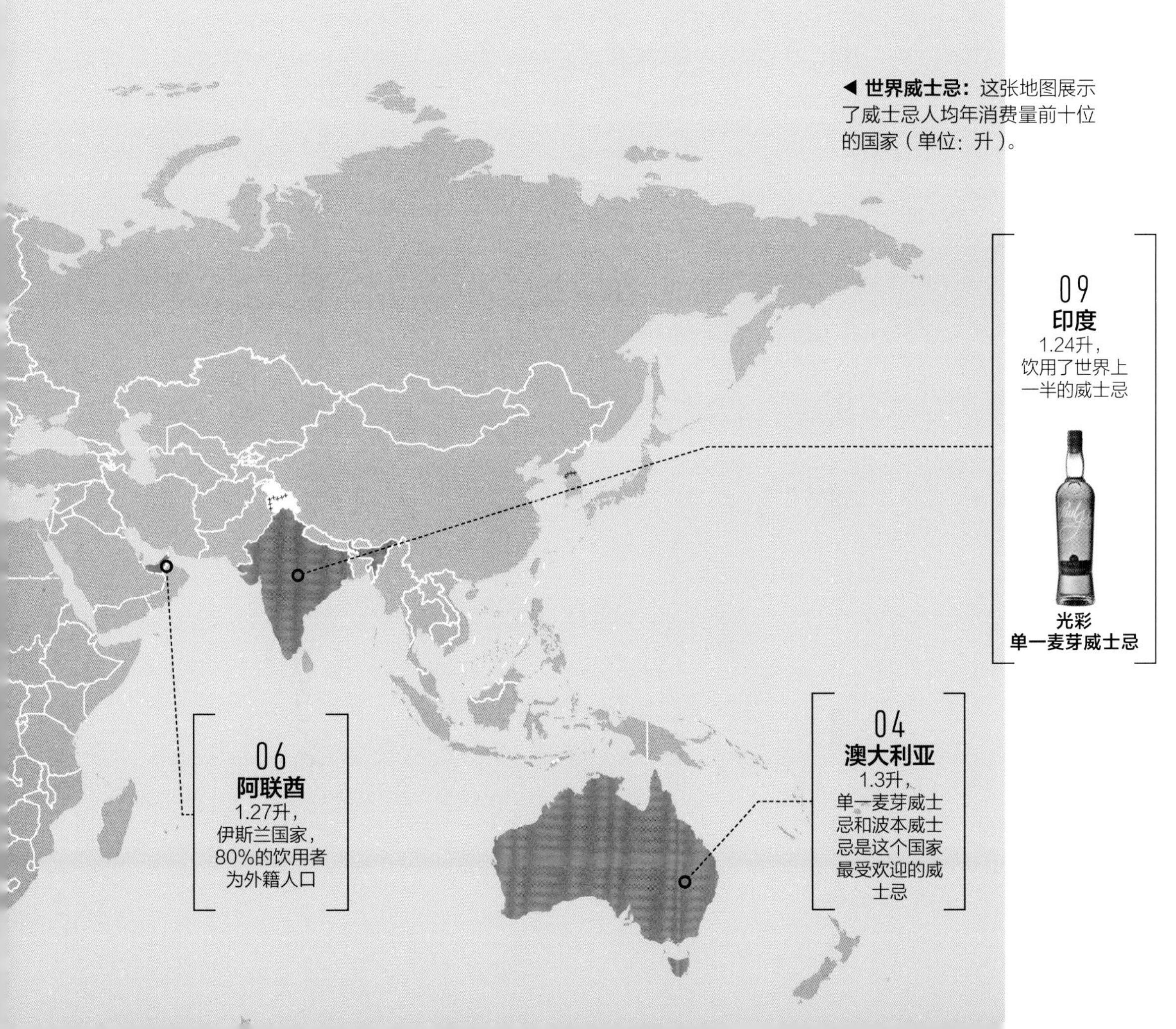

◀ **世界威士忌：**这张地图展示了威士忌人均年消费量前十位的国家（单位：升）。

解读威士忌酿造原料——谷物

实际上，任何谷物都可以发酵成酒精，而威士忌的主要原料是大麦、玉米、黑麦和小麦。大部分威士忌酿造的原料是使用以上4种谷物。

谷物构造

所有的谷物都是由种子和坚硬的外壳组成。威士忌制造者需要将谷物进行粉碎，这些经粉碎的谷物含有丰富的淀粉类碳水化合物，这些碳水化合物首先被转化为糖，进而发酵为酒精。将谷物转化为酒精经历了极为复杂的生物发酵过程，最终变成了各式各样的啤酒、麦芽酒或烈酒。对于许多人来说，威士忌则是其中的极品。人们普遍认为，是苏格兰人完善了麦芽（尤其是大麦）酿造威士忌的工艺。

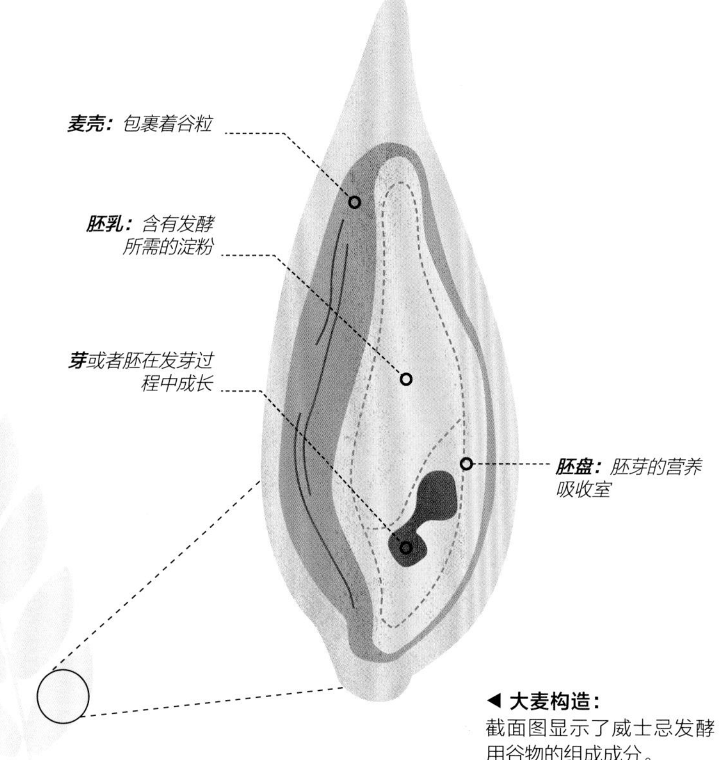

◀ **大麦构造：**
截面图显示了威士忌发酵用谷物的组成成分。

大麦

以大麦为原料是大多数威士忌的特色，这是因为大麦中含有高品质的淀粉和促进发酵的酶类。

发芽大麦

发芽大麦是麦芽威士忌中的“麦芽”成分。将大麦浸泡在水中，然后摊开平铺在发芽区，使其发芽。这样会破坏谷物的细胞壁，让酶将淀粉转化为糖。

未发芽大麦

未发芽或新鲜的大麦含糖量较低，用于所有的单一壶式蒸馏威士忌的酿造，可以产生更清淡的味道。

大麦在世界粮食产量中排名第四

适宜气候：生长在除寒冷地区外的大部分地方

准备：发芽，然后烘干（55～60℃）

口味特点
无麦芽谷物、香料、烤太妃糖味

苦……………………………………甜
▲未发芽大麦 ▲麦芽

玉米

世界上产量最大的农作物。

玉米是许多美国威士忌的主要原料。与大麦不同，玉米中不含有酶类，所以要通过高温加热，使淀粉糊化。

玉米在世界粮食产量中排名第一

适宜气候：温暖，易受霜冻

准备：加热到80～90℃

口味特点
香草、枫糖浆味

苦……甜（偏甜）

黑麦

这种禾本科作物与小麦和大麦关系密切。

黑麦威士忌主要产自北美，而且在全球范围内越来越受到欢迎。黑麦生长快，比大麦成熟期短，耐寒，几乎不需要除草。

黑麦在世界粮食产量中排名第六

适宜气候：适应大多数气候，寒冷条件下也能生长

准备：加热到65～70℃

口味特点
干型，带有辛香味

苦……甜（偏苦）

小麦

小麦是一种世界性的主粮，小麦属。

在加拿大，一些移民使用烤面包剩下的谷物制作威士忌。小麦越来越受到美国精酿酒厂的欢迎，其品质具有轻柔协调的特点。

小麦在世界粮食产量中排名第二

适宜气候：大部分气候，除了极端冷热天气

准备：淀粉糖化前，加热到65～70℃

口味特点
蜂蜜全麦面包味

苦……甜（偏甜）

精酿工艺及非主流谷物原料的兴起

还有一些生产商正在转向使用口味各异的非主流谷物，来生产与众不同的威士忌。

燕麦

燕麦曾经在爱尔兰威士忌中很常见，其淀粉含量很低，在蒸馏过程中，谷物发酵液可能在蒸馏器中会出现粘连现象。但是，对一部分生产商来说，他们正在为得到燕麦的奶油质地和坚果香味而努力。

高粱

高粱威士忌具有易饮的特性，越来越受到制造商的欢迎，尤其在美国。有些制造商从高粱中提取高粱糖浆，以此来酿造威士忌。

小米

作为波本威士忌的组成部分，小米非常受欢迎，至少有一家美国酿酒厂在生产纯小米威士忌。小米很耐旱，几乎不需要浇水就能正常生长。

大米

在日本和美国的新威士忌中，我们发现，大米清淡、微妙的味道很受年轻饮酒者和鸡尾酒爱好者的欢迎。其灵感来自以大米为原料制作的日本烧酒。

如何酿造威士忌？

所有威士忌的酿造工艺和原理基本都类似——使用谷物为原料，发酵后蒸馏出酒精。这个简单的解释，说明了发芽大麦和其他威士忌是如何生产的。

准备谷物

- 对于以大麦为原料的威士忌，首先将大麦在冷水中浸泡，以增加胚乳的水分，而胚乳是谷物淀粉的来源。
- 在麦芽室或发芽箱中发芽一周。
- 种子的细胞壁开始分解，在酶的作用下，淀粉转换成可发酵的糖。

将大麦颗粒平铺在发芽室内

▲ **发芽室：**
只适用于大麦。玉米、黑麦和小麦不含浸泡后能激活的酶，经磨碎后在高温条件下，它们的淀粉得以糊化。

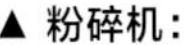

粉碎谷物

- 随着被风干或烘干，大麦停止发芽。
- 一旦烘干，所有的谷物（大麦、黑麦、玉米和小麦）都会被粉碎成“碎麦芽”，这样便能更轻易获得其中的淀粉成分。

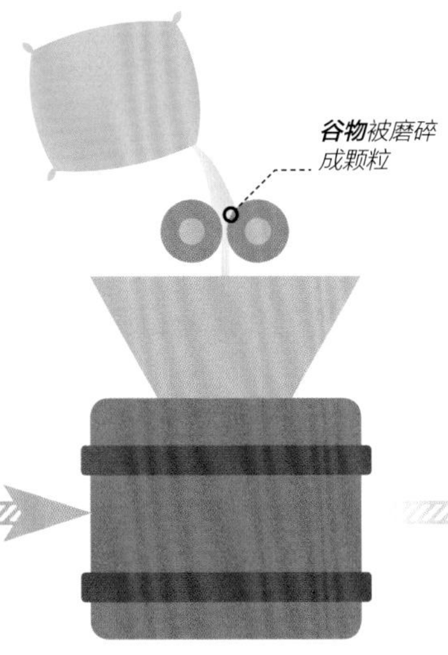

▲ **粉碎机：**
把谷物粉碎成大小适中的颗粒，一些不需要的残渣称作“糠”，可当作饲料使用。对于“较硬”的谷物，如玉米、黑麦和小麦，要加入一部分酿造用的碎麦芽，麦芽中的酶可以促进糖化。

糖化

- 将粉碎后的麦芽，与热水一起泵入糖化锅中并搅拌成浓稠的麦汁，然后进行过滤、洗糟，这个步骤通常要重复三次，以促进淀粉在水解酶的作用下转化为可发酵糖。
- 温和、甘甜的液体称为“麦芽汁（Wort）”。

当加热麦芽汁时，酶被释放出来

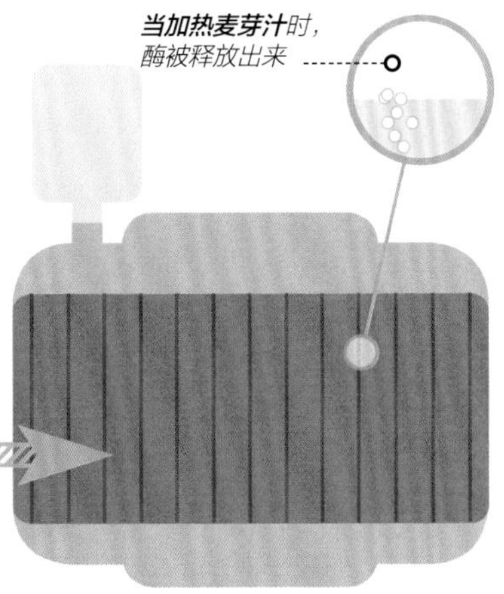

▲ **糖化反应：**
碎麦芽和热水混合后转入糖化锅中。糖化锅带有夹层，能够使液体保持恒温状态。

4 发酵

- 通常使用液体酵母，将其添加到麦汁中。
- 酵母将麦芽汁的可发酵糖转化为酒精、二氧化碳和热量。
- 不添加啤酒花或其他调味品。
- 在不同的酿酒厂，发酵时间持续在48~100个小时，有时候会更久。
- 由此产生类似啤酒的低酒精度液体，被称为“酒汁或酒醪（Wash）”，其酒精含量通常为7%~9%ABV。

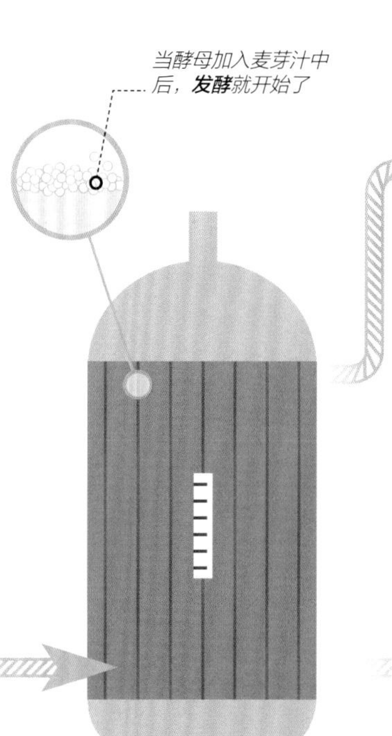

▲ **发酵罐：**
这是发酵的容器，麦芽汁和酵母混合在一起，产生啤酒状的泡沫，而这种泡沫必须清理掉。

5 蒸馏

- 对于麦芽威士忌，酒汁被泵入蒸馏器中，然后加热直到沸腾。
- 酒精从液体中蒸发，上升到冷凝器中，变成“初馏酒”，酒精浓度大约为25%ABV。
- 初馏酒经第二次蒸馏，取蒸馏液的“酒心”，将酒心入桶进行熟成。

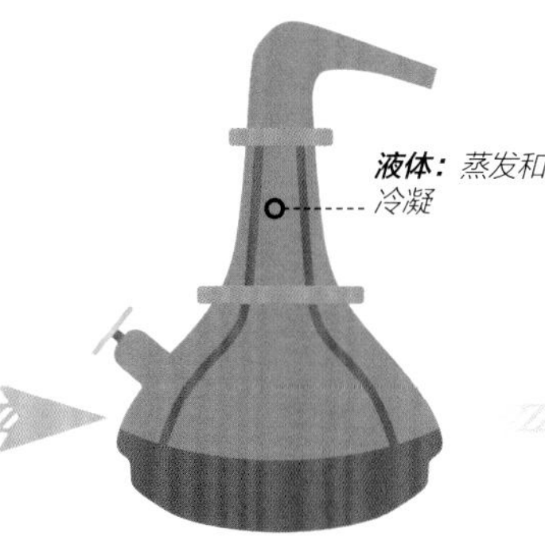

▲ **壶式蒸馏器：**
用于苏格兰威士忌和苏格兰风格的威士忌，壶式蒸馏器使威士忌得以批量生产。原则是利用一对蒸馏器将酒汁进行两次蒸馏。少数酒厂会蒸馏三次。每经过一次蒸馏，就可以得到酒精度更高的酒液。

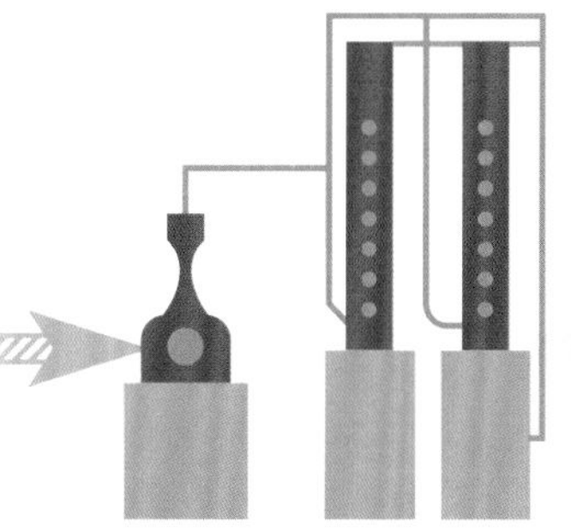

▲ **柱式蒸馏器：**
常用于用玉米、黑麦或小麦制成的谷物威士忌。对于波本威士忌和波本风格的威士忌来说，要使用标准的柱式连续蒸馏器进行连续蒸馏。

6 熟成

- 在全世界，几乎所有的威士忌都在橡木桶中熟成。
- 熟成的时间取决于多个因素，包括当地的威士忌法规和地区气候。

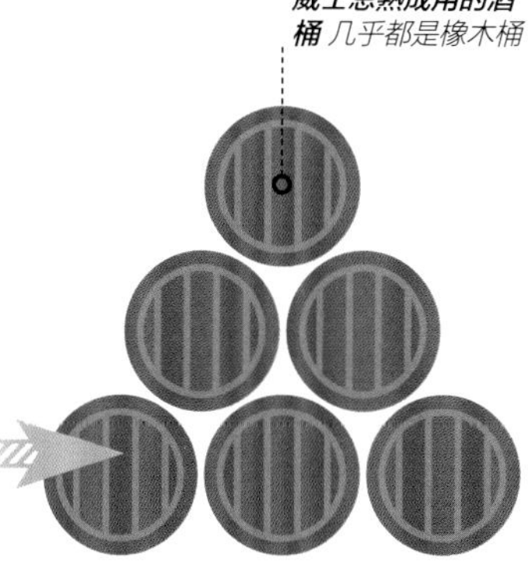

▲ **旧桶：**
苏格兰威士忌和苏格兰风格的威士忌在酒桶中熟成，使用已经陈酿过葡萄酒、雪莉酒和波特酒的橡木桶。波本威士忌的旧酒桶特别受欢迎。

▲ **新桶：**
根据美国法律，波本威士忌和波本风格的威士忌，必须在新的炙烤的橡木桶中熟成，没有最低熟成期要求。其他类型的美国威士忌可以在旧桶中熟成。

威士忌如何熟成？

除了极少数情况外，如果威士忌没有在橡木桶中熟成，那它就不能称作威士忌。但为什么威士忌要熟成？熟成时间需要多长？威士忌的熟成远比想象的要复杂得多。

刚蒸馏出的威士忌，辛辣刺激，并不好喝也不适宜直接饮用，被称为“新酒（New make）”或者“白狗”（White-dog），因为它含有一些不太可口的味道，是需要去除的。

在熟成的过程中，这些不需要的成分会消失，同时能够增加一些更诱人的口味。

纯正而简单

威士忌的熟成过程，通常在橡木桶中完成。橡木的特性和化学成分，符合威士忌熟成的要求，使它能够减少威士忌中的刺激性风味，去除新蒸馏威士忌的异味，同时融入橡木桶中优质的芳香和味道，增加威士忌的复杂性。而这个过程取决于熟成的时间和桶的新旧程度。

威士忌的成熟

威士忌在橡木桶中熟成的每一年都会增加和陈酿出它的味道。例如，对于大多数苏格兰单一麦芽威士忌，在装瓶前都需要在橡木桶中存放5~10年。正因为如此，人们开发了各式各样的口味。除此之外，气候也起到了一定的作用，在较温暖的地区，威士忌与木材的相

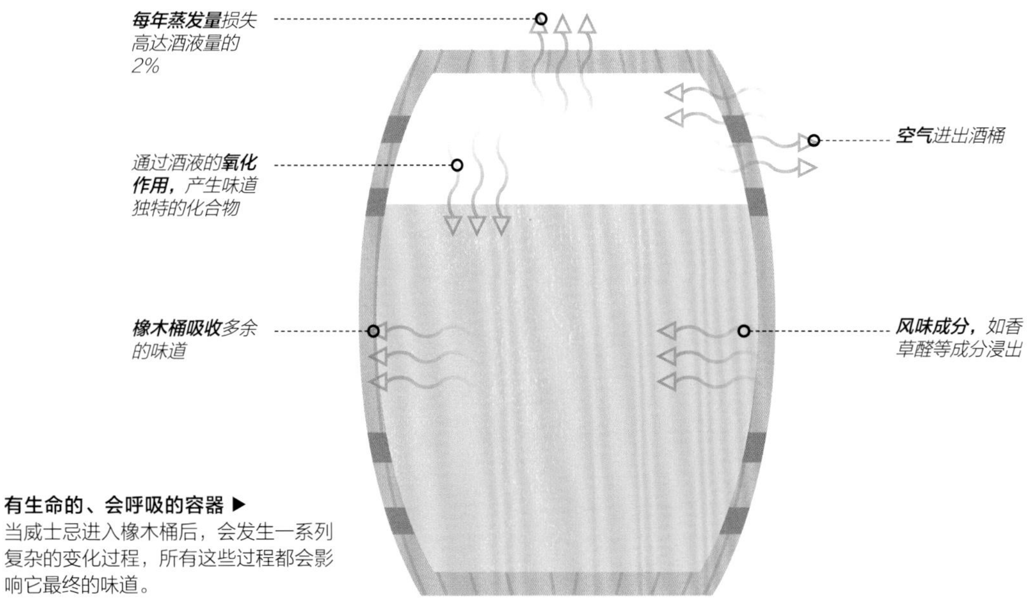

有生命的、会呼吸的容器 ▶
当威士忌进入橡木桶后，会发生一系列复杂的变化过程，所有这些过程都会影响它最终的味道。

▲ **在英国，**制桶工匠需要经过大约四个寒暑，才能成就一只完美的酒桶。许多工匠可能用一生的时间都从事这个工作。

互作用加快，所以熟成也很快。

在苏格兰等潮湿地区，威士忌在熟成过程中会失去更多的酒精成分；而在肯塔基州这样的低湿度地区，水分蒸发的速度则比酒精更快，这意味着实际上提高了酒精的浓度。

威士忌因蒸发而损失的部分被称为“大使的分享（The Angels' Share）”，每年约占产品体积的2%。

橡木效应

枫木或山胡桃木等其他木材，有时也会被用来酿造威士忌。但事实上，世界上几乎所有的威士忌生产，如果根据法律规定，都是要使用橡木的。

橡木资源丰富且防水、牢固、有韧性、坚硬。此外，它含有适量的苦味单宁和酸性的香草醛，以确保口味的均衡。其中的有机化合物香草醛，能够使许多威士忌带有香草的味道。单纯利用橡木本身的材质是不够的，还需要专业的制桶工匠将它加工成最好的品质状态，制桶工匠是制造橡木桶的专业人士，制桶的过程涉及烘烤和炙烤，这个过程可以消除橡木桶中难闻的化合物，帮助激活和增强产生柔和味道的聚合物，并形成一层能够降低硫化物的活性炭滤层。

威士忌在橡木桶中存放的时间越长，橡木的味道就越浓郁。

不过，并不是所有的橡木品种都适合用来酿造威士忌，最常见的品种有：白橡木（也称美洲白橡木）、欧洲橡木（通常产于法国和西班牙北部）、蒙古橡木（水楢木，也称日本橡木）。每一种不同的材质都可赋予威士忌不同的特性。

第二章 2

如何品鉴威士忌

学习品鉴威士忌十分有吸引力，你会在品鉴中寻找到许多的乐趣，并且还能提高你自身的品鉴能力。例如，谁会想到享受威士忌首先是从视觉观察开始呢？当然，还有比这更丰富的内容。以下将教你如何规范品鉴步骤，从选择品鉴的“配套用品”开始，逐步讲授威士忌品鉴的基本技巧。令人兴奋的是，从此你将真正学会品鉴威士忌。

品鉴前的准备工作

为了从这本书中取得最大的学习收获，需要做一些基本的前期准备，这样才能够帮助你更好地体验和品鉴。为了更好地品鉴威士忌，以下这些是必不可少的。当然你也可以根据需要及时制定自己的清单。做好以下准备，也是学习品鉴的一个良好开端。

01 酒杯

酒杯应该使人手持舒适，并且杯口较窄。如果玻璃杯口太宽的话，会导致香味逸散。

格兰凯恩（Glencaire）闻香杯是理想的品尝酒杯，不过锥形的小酒杯也是不错的选择。每次品鉴威士忌时，一定要使用干净的杯子，威士忌酒液会沾在杯壁上，而每次的残留都会影响后续的品鉴。所以在品鉴威士忌之前，务必洗干净酒杯，这样才能保证品酒体验。

02 品酒的地点

确保有足够的地方来存放各类瓶瓶罐罐等容器。这可能听起来是理所当然的事情，但是一旦开始摆放威士忌和其他品酒用具时，你就会惊讶地发现自己到底需要多少空间。

03 何时吃东西

不要空腹品鉴威士忌，理想情况下应该是，品酒前一小时吃点东西，但注意不要吃太饱。

04 清淡食品

可以在品酒时吃一些味道温和、无盐或低盐的燕麦饼干等，或者是面包，需要注意的是面包也应该是无盐或者低盐的，还需要避免暴饮暴食等行为。这样才能将关注点放在品鉴威士忌上。

05 水

纯净水可以加入威士忌中品鉴，苏打水可用来清洁你的味觉，因为纯净水中很少含有影响味道的物质。不管是天然的还是其他的任何添加味道的水都不理想，纯净水是最好的选择。

06

同朋友一起品酒?

如果有朋友能理解并表达出品尝后的意思，相互交流心得，那么和他们一起品酒真的会有超级棒的感觉。2~4个人一起是最佳选择。毕竟，威士忌是珍贵的!

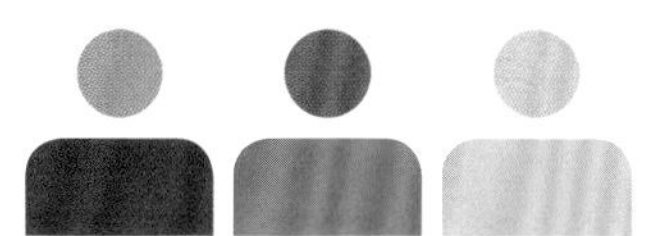

07

笔和便签

用来做品酒笔记，包括记事簿、平板电脑或手机，但要让你的所有电子设备与液体保持距离。

08

品酒顺序

酒样从左到右按一定的顺序排列，就像这本书一样。理想情况下，品尝威士忌时要“盲品”（因为瓶盖、酒瓶的颜色、形状和设计，都可能会影响到你的品尝）。

将品尝的威士忌进行编号，能够帮助你从头到尾记录每种威士忌。

09

样本大小

为了便于品尝，15毫升就可以了。如果你有玻璃容器，可以预先将样品倒入，以备接下来的品尝。

请记住，威士忌酒很烈，所以饮用要适量。

10

保持健康

如果你患了感冒或其他疾病，请不要品酒。因为需要保持味觉的敏感度，而且要注意，品酒前至少一个小时都不要吸烟，那样会抑制味觉。

11

最后检查

一旦你准备开始品酒，就需要再次检查准备情况。没有比品酒期间笔里的墨水用完了，或者手头没有足够的零食，而停止品酒更糟糕的了。

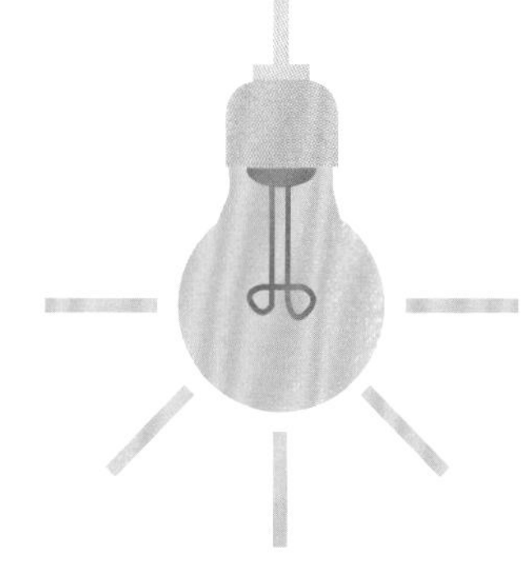

12

慢慢来

慢慢地仔细品尝。先观察威士忌外观，然后闻香气，再品尝每一款酒，从而体验每一款酒的味道和芳香。记住：只有当你完成全部准备工作，才可以开始进行威士忌的品尝。

品鉴训练

拿起一只酒杯，倒入大约2厘米高度的威士忌。对所有要品尝的酒，都要一样的量，使用相同的技巧，这是评价每种威士忌特性的基础。

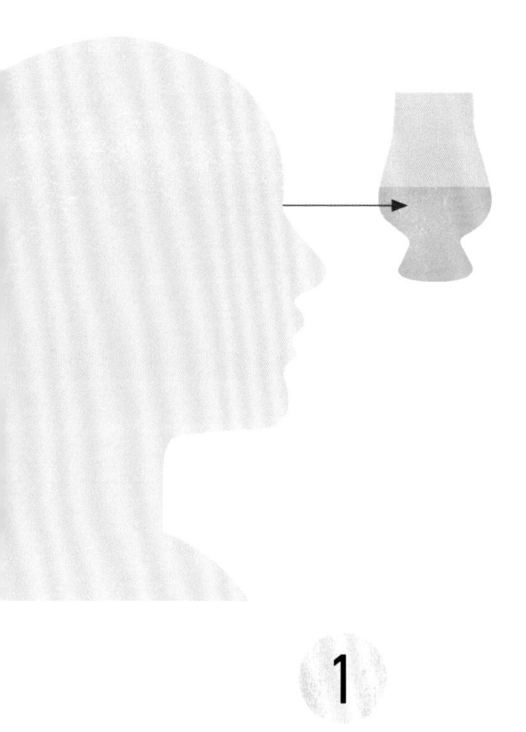

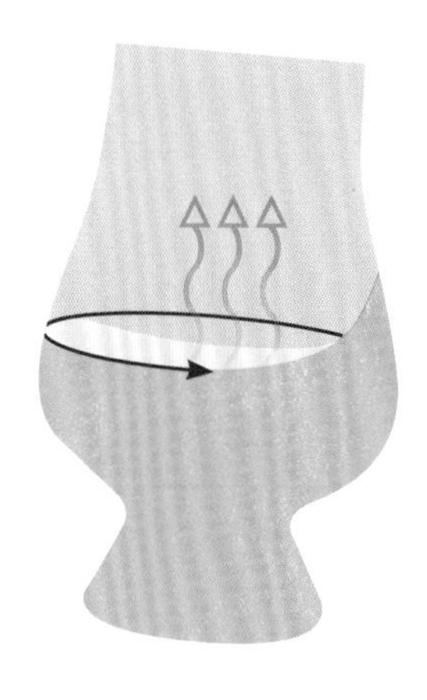

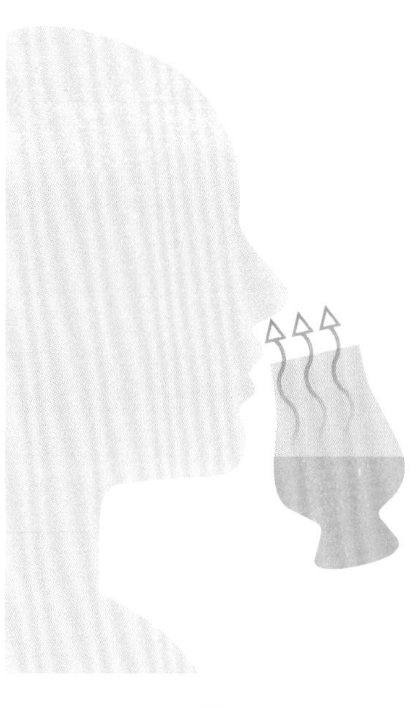

1

看颜色

把玻璃杯举到白色背景下用眼睛观察，颜色可以反映酒的一些信息，例如威士忌是在什么类型的橡木桶中熟成的，熟成了多长时间等。通常酒的外观应该是清澈透亮的，否则可能是因为它没有经过冷过滤去除脂肪酸的处理过程。

2

摇动威士忌

轻轻摇动酒杯，让威士忌酒液升高再落下。对于高酒精度或橡木桶中熟成时间长的威士忌，“酒泪”浓重且缓慢，“酒泪”淡薄的威士忌年份比较短，酒精度也比较低。摇动威士忌的过程，能够使其香气到达杯口。

3

闻一闻

摇动后将杯子缓缓端到鼻子边，轻轻闻一下，直到闻到第一阵香气为止。接下来，你就可以充分利用你的鼻子更深入地吸气，记下你所闻到的所有香味。记住：威士忌的酒精含量很高，你的鼻黏膜很可能会麻痹。

颜色可以反映酒的一些信息，例如威士忌是在什么类型的橡木桶中熟成的，以及熟成了多长时间等。

用不用移液管？

移液管是一种可以精确添加水的有用工具。开始先加一点点，逐渐增加，直到感觉水量合适为止。当然你也可以“随手”加水，不使用移液管，但这可能会让你无法控制加水量。

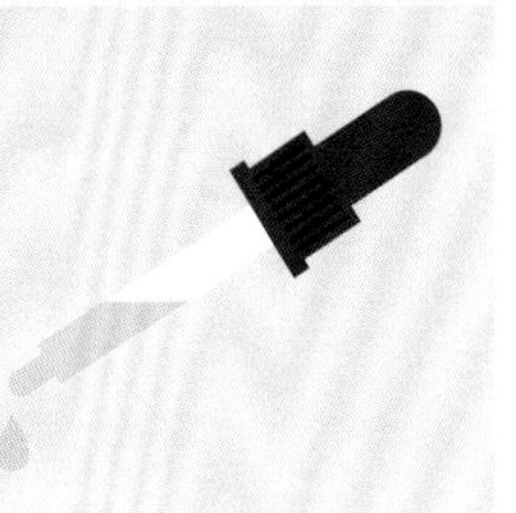

4

喝一小口

喝一小口威士忌，让酒液在舌头与口腔之间流动，你品尝和闻到香气是一样的吗？你还发现了什么特别的口味？你喜欢你正在品尝的酒吗？

5

加一点水

用鼻子和口腔体验过纯的威士忌后，在杯中试着加入一点纯净水或泉水，然后重复闻香与品尝的步骤。加水最好用移液管缓慢地加入，开始时只加几滴，以免威士忌被稀释过度。水的进入，能够帮助威士忌释放出被酒精锁住的香气和味道。

6

完成

当你咽下威士忌后，无论有没有水，都要注意你嘴里和舌头所感受到的味道和质感，它是香醇的、天鹅绒般的，还是柔滑的呢？你可以寻找一个完美的余味，让你的品酒过程圆满结束，同时也给自己带来更多期待。

威士忌品鉴术语

威士忌可以说是世界上最复杂的烈酒。清楚地描述出它的味道可能是一个挑战，尤其是当你首次品尝的时候。一旦你掌握了威士忌的品鉴“术语”，你就能描述出自己品酒的感觉。

▲ **威士忌词汇：** 这些词汇经常在品尝威士忌时出现，但是在使用时也可以添加自己的一些术语。

学习术语

在开始之前，请记住这本书是教你如何品酒，而不是喝酒，是为了更好地理解和享受威士忌，接下来你会发现更多的有关描述味道、香气等的术语。

一开始你可能难以接受这些术语，或者你可能会认为有点太拗口或者夸张，但是这是你学习识别酒的味道的必经之路和必需的方法，要学会勇敢表达自己的感受！

个性化的品味

品酒无对错之分，所以不要受到他人影响，你会体会到你朋友所感受不到的，因为每个人的口味和经历都是不同的，所以如果你的笔记和站在你旁边的品尝者的笔记不一样，也不要担心。不同人的结论肯定是不会完全一样——这就是重点。品尝威士忌是一种个人体验。

选择你的术语

专业的品酒术语，来自于品酒师丰富的想象力，是威士忌的专用“语言”。

它们不仅能正确描述各种口味，也是你了解威士忌及探索背后故事的窗口。

更重要的是通过你个人的描述，体现出你品尝的真实感觉。

如何开始呢？从使用简单、宽泛的术语开始，比如：新鲜、果味、麦芽、辛香、烟熏味。

好的品酒术语，来自于品酒师丰富的想象力。

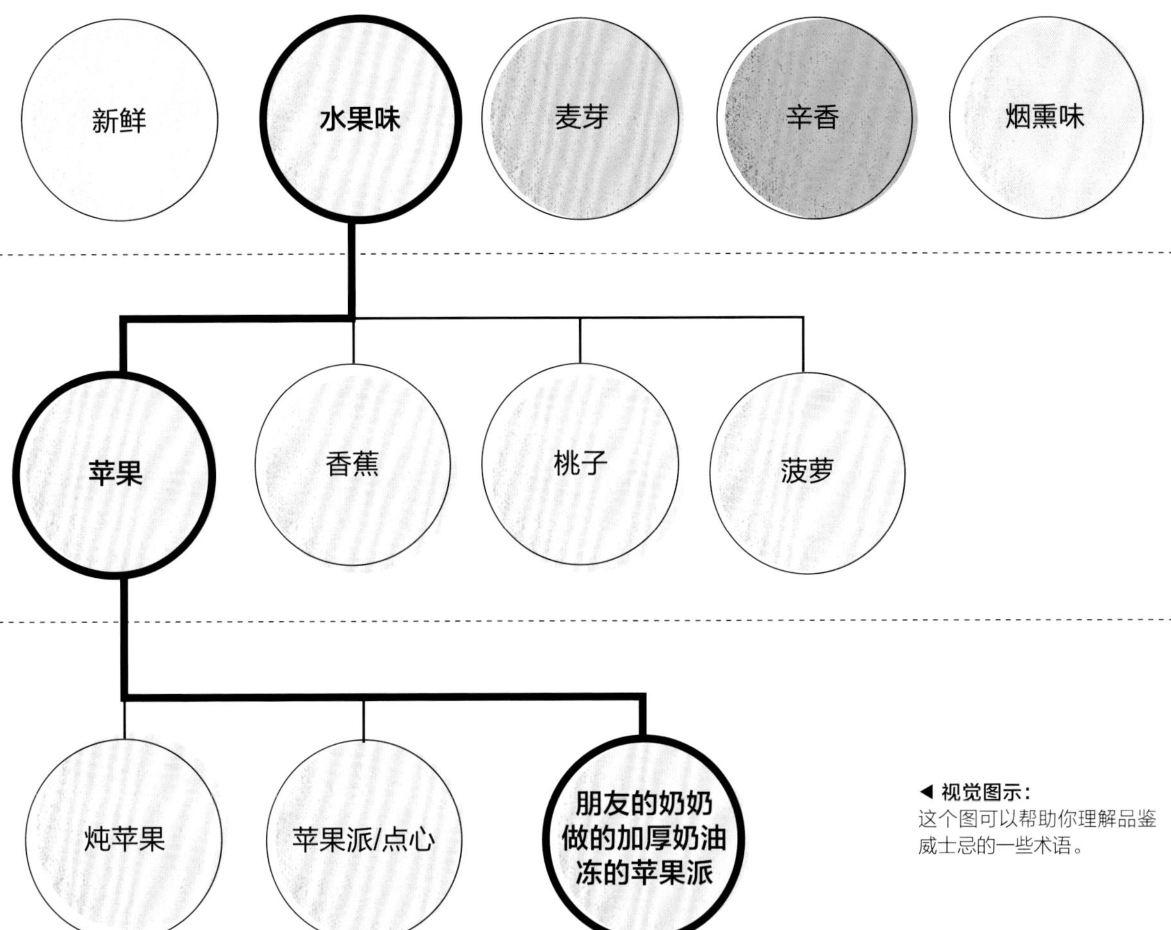

◀ **视觉图示：**
这个图可以帮助你理解品鉴威士忌的一些术语。

超越基本口味，探索更加详细的味道

在你品尝任何一种威士忌时，都能找到一些基本口味。一旦确定了威士忌的基本口味类别（“分类”）后，再试着继续进一步探索这个类别的威士忌更加详细的味道。

例如，如果你在杯子里察觉到一种水果味，它最像哪种水果呢？它最主要的水果味是什么呢？

试着思考：

- 苹果
- 香蕉
- 桃子
- 菠萝

如果是苹果，是什么样的苹果呢？新鲜的、糖渍的、煮熟的、加过香料的？你的笔记应该是这样的：

- 水果味
- 苹果
- 炖苹果
- 苹果派/点心
- 朋友奶奶做的加厚奶油冻的苹果派

按你自己的方式去尝试

最终要总结出自己的品鉴“术语”。上图所示的分类和子分类系统，会对你的正规品酒训练很有帮助。

品酒术语

目前尚无公认的“官方或正式”的品酒术语可供参考，能被清楚检测和定义的原始气味也不存在。

然而，一个完整的品酒术语应该包含：威士忌的名字，品尝时间，然后用你自己的语言来描述酒的外观、气味、味道，以及余味等，最后进行综合评价。

趣闻轶事

水与威士忌

品尝威士忌时加水还是不加水？这是经常讨论的众多问题之一。让我们来看一下，加水对品酒会有什么影响？何时加？以及为什么添加？

为了不让外界因素影响威士忌本身的味道，应尽可能使用最纯净的水。

解锁味道

酒精会弱化和抑制你的味蕾，由于威士忌的酒精度较高，通常是在40%以上，因此为了达到最佳品尝效果，需要降低酒精度。

对于大多数的威士忌，向里面加入一滴水，神奇的事情就发生了。加水后的威士忌会释放更多香气，口感也会变得截然不同。你可以感受一下整个过程，在你加水时，不断摇晃酒杯，水会像油在液体中旋动和分离。

稀释威士忌有助于增强感官体验，让鼻子捕捉到最饱满的香气。

但并不是所有的威士忌都是如此，味道清淡的陈年威士忌如果加水可能会使酒体变得“单薄”。唯一不变的规则，就是亲自去尝试威士忌，建议一开始先品纯威士忌，如果喜欢它本来的口感，你可能会倾向不再加入水，但无论如何，还是要试着在威士忌中加入一些水，说不定对你来说，味道还会更好。

该加多少水？

这是一个不断尝试的过程，给自己准备一个小移液管，这样你就可以缓慢地往威士忌里加水，然后每一步都要做笔记。每次添加完之后，闻一闻，然后品尝威士忌，不断重复这个过程，直到找到入口时味蕾能感受到的最饱满的香气！

该加什么样的水？

为了使威士忌不受到外界味道的影响，应尽可能使用纯净

◀ **实用的小水壶：**通常品酒时加点水就可以让威士忌释放出更多的香气，加多少水完全取决于威士忌的种类和你个人的口味。

水、优质的瓶装泉水，甚至净化过的自来水都很好用。威士忌酿酒厂的水极为纯粹清澈，是最理想的，然而此类佳水难寻！注意：尽量避免使用矿物质水，因为其中的化合物非常多，可能会影响威士忌的味道。

可以加冰么?

在一些国家的文化中（如日本），将优质的单一麦芽威士忌与冰和苏打水混合打造成一杯清爽可口的饮品；在气候炎热的季节，加一两块冰，往往能让人更好地喝下更为浓烈的威士忌。

然而，在品尝时加入冰要特别谨慎，冰有双重作用，它既能麻痹味蕾，又能“锁住”威士忌的味道，让人更难察觉。

▲ **品鉴威士忌：** 首先用眼睛观察酒的外观，对于每一个专业的品酒师来说，他们都会以观察威士忌的外观作为鉴赏威士忌的开始。

威士忌的外观鉴别

威士忌的颜色和外观有多重要呢？在我们拿起杯子之前，它能告诉我们什么呢？用眼睛观察威士忌外观是品酒过程中非常重要的一部分，不应被忽视。

草药颜色

以前的威士忌的颜色，并不总是我们现在的样子，在成为我们今天所知道的酒之前，橡木桶还没有被广泛用来储存威士忌，威士忌的颜色是各种各样的，之所以存在多种颜色，是因为在现代蒸馏器出现之前，会在酒里加入能提色的香草和香料，以便提升酒的品质。此外，早期的蒸馏设备很简陋，也不完全清洁，而且过滤技术可能也很简单。

历史的意外

18世纪末，橡木桶开始用于酒的储存和运输，从此一切都发生了改变。起初，木头对威士忌颜色的影响，可能是不经意间被注意到的。当时一名仓库老板偶然发现了一个遗忘很久的橡木桶，当他打开酒桶的时候，竟然发现里面的威士忌颜色奇迹般地变深了。

当然，今天我们对橡木是如何影响酒的颜色和味道以及这种影响是如何发生的，都有了深入的理解。酿酒厂新酿制的酒经过蒸馏后，是无色透明的，而经过橡木桶熟成后，橡木桶会赋予威士忌漂亮的色泽。

添加颜色

威士忌的颜色，也可以从其他来源获得。普通酒用焦糖色，也被称为E150a，为了保持颜色的一致性，许多人更喜欢用它来调制威士忌，苏格兰威士忌和其他威士忌会添加这样的焦糖色，但并非全部颜色都来自于它，据说它的用量对口味的影响可以忽略不计，但却有焦糖的颜色。美国禁止在波本威士忌和黑麦威士忌中使用它。

“酒泪”和“酒腿”

你可能听说过葡萄酒的“酒泪”，其实就是液体的痕迹。当你转动酒杯时，它们会附着在玻璃杯壁上。在葡萄酒品鉴中，它可以反映很多关于产品的信息，例如酒精含量、黏度等。至于威士忌及一般的烈酒，因为它们的酒精含量总是很高，所以“酒泪”所反映的信息可能就不那么清晰了。然而，威士忌的“酒泪”在玻璃杯中流动的速度越慢，可能酒精含量会越高。但是要注意，这并不能说明产品的质量如何。

◀ 威士忌的“酒泪”
主要成分是水，它与液体表面的张力有关，也有的人将它形容为“酒腿”。

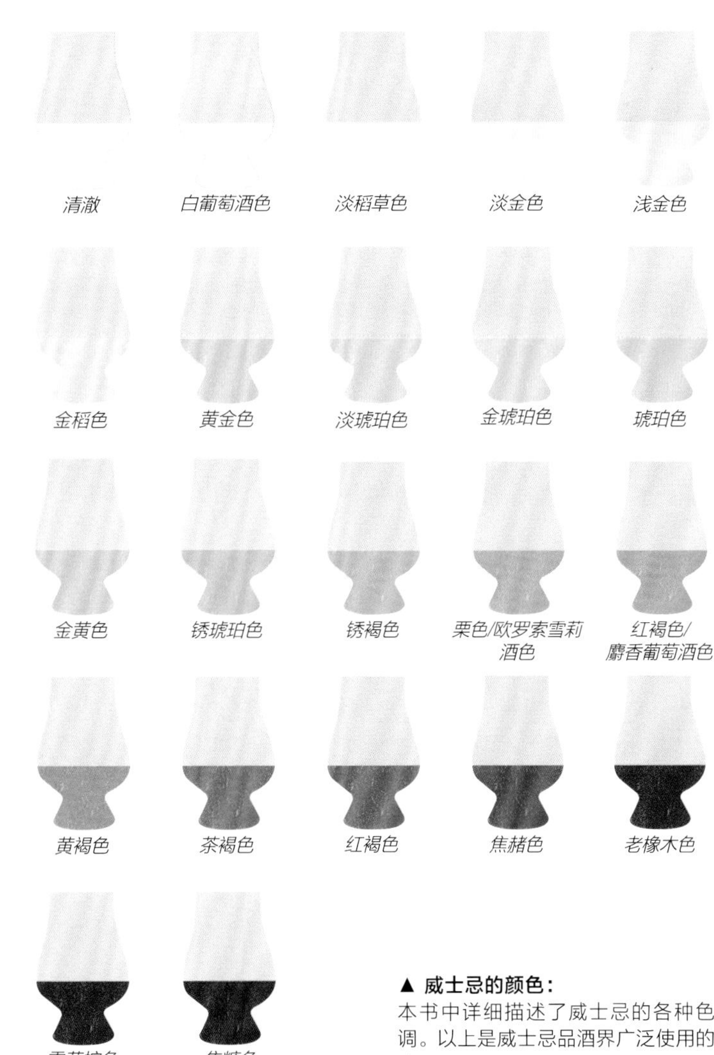

▲ 威士忌的颜色：
本书中详细描述了威士忌的各种色调。以上是威士忌品酒界广泛使用的术语。

品鉴 01/20 眼睛观察

品鉴威士忌，首先是通过眼睛来观察酒的外观，色泽可以帮助你对品鉴的威士忌形成初步印象，但也不要完全相信它。

方法说明

对于威士忌的颜色，通常情况下淡色表明曾在波本桶里熟成，而深色则表明曾在雪莉酒桶里熟成，玫瑰或仿古铜的颜色通常指在波特酒桶里熟成。如果威士忌有浑浊现象，这可能意味着它们没有经过冷过滤去除蛋白质或脂肪酸。手持玻璃杯，观察酒泪保持时间，然后慢慢品尝。

品鉴训练

这里分享最重要的经验，就是要认识到品鉴威士忌有一个规范程序。虽然直接大口喝酒可能很诱人，但品酒是一门精妙的艺术，需要你慢慢地去体验，只有这样才能学会掌握更多的技巧。品鉴的第一步就是用眼睛观察，为接下来的品尝形成初步印象。你会在这个过程中积累很多经验，而你见识过的越多，就会更加了解威士忌。

最重要的经验就是要认识到，品鉴威士忌有一个规范程序。

（Girvan）格文4号

单一谷物威士忌

42%ABV

如果你找不到这款酒，可以用基尔伯根（Kilbeggan）8年威士忌

酒体 1

苏格兰谷物酿酒厂，建于1963年，属于威廉格兰特父子公司。

白葡萄酒色

非常微妙，软焦糖、牛奶巧克力气味

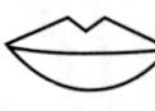

甜美而精致的香草味、植物香味、柠檬味

悠长、精致而微妙

风味图

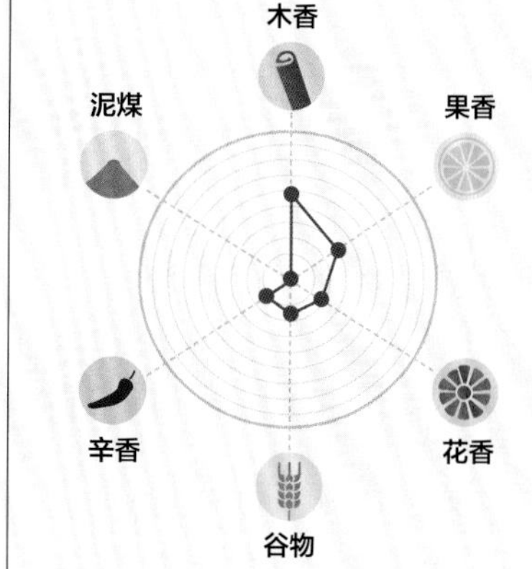

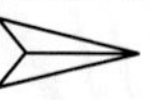

喜欢这款酒吗？试试贝恩斯好望角（Bain's Cape）威士忌

（Ardbeg）雅柏10年	（Maker's Mark）美格	（Glendronach）格兰多纳12年
单一麦芽威士忌	波本威士忌	"原味"高地单一麦芽威士忌
46%ABV	45%ABV	43%ABV
如果你找不到这款酒，可以用泰斯卡（Talisker）北纬57°单一麦芽威士忌	**如果你找不到这款酒，**可以用鹰牌（Eagle）10年波本威士忌	**如果你找不到这款酒，**可以用摩特拉克（Mortlach）稀有陈年单一麦芽威士忌
酒体 5 世界上泥煤风味最重的单一麦芽威士忌之一。	**酒体** 4 1954年开始生产波本威士忌。	**酒体** 4 对于雪莉桶熟成威士忌爱好者来说，这是一款经典之作。
淡稻草色	**金琥珀色**	**金琥珀色**
泥煤沼泽上的熊熊大火的气味，还有甜甜的味道	**馥郁浓厚、甜蜜；**有焦糖、太妃糖和可乐甜味	**杏仁干、**苹果派、肉桂、丁香的气味
浓郁、烟熏味，有桉树、甜薄荷、柑橘味	**甘美、**香料煮水果、辣椒巧克力味	**甜蜜的无花果；**梨碎；奶油米布丁味
回味悠长，有烟熏和甜味	**绵长、**黏稠、辛香的甜味	**悠长而浓郁，**微干，有辛香的油味
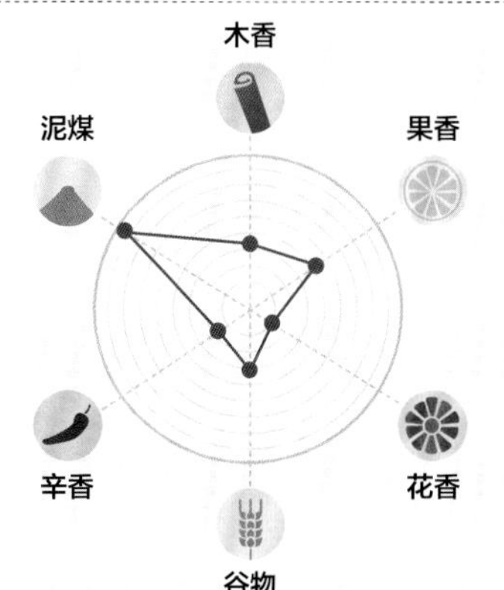	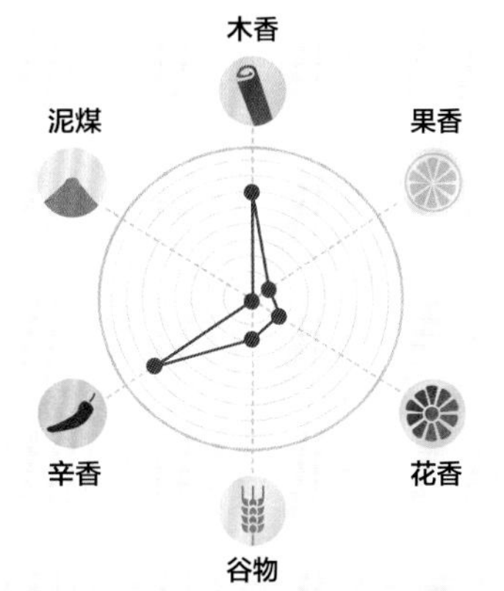	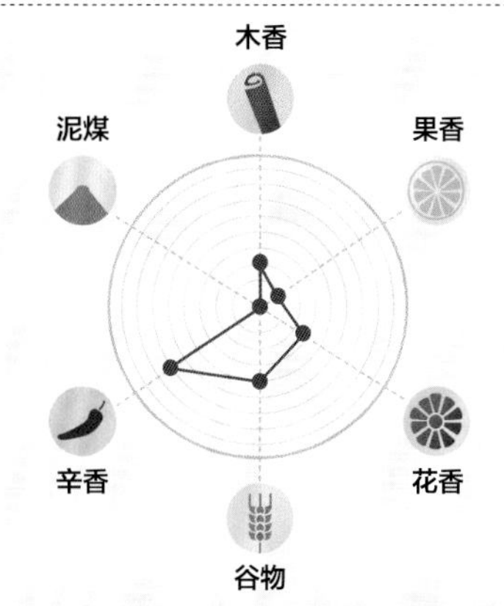
喜欢这款酒吗？试试拉弗格（Laphroaig）10年威士忌	**喜欢这款酒吗？**试试四玫瑰（Four Roses）单一桶波本威士忌	**喜欢这款酒吗？**试试格伦·莫雷（Glen Moray）雪莉桶熟成威士忌

▲ **工作时的品酒大师。**舆水精一（Seiichi Koshimizu）是三得利山崎酿酒厂的首席品酒师，他在仔细闻鉴威士忌。

威士忌的香气鉴别

当你选择最喜欢的酒时，鼻子会是你最好的朋友。因此，了解它的生理机能以及如何正确使用它是非常重要的。它是你品鉴威士忌香味的重要“通道”。

在品尝威士忌之前，先闻一闻，似乎有违直觉。但这不仅是一个好的习惯，也是完善品鉴威士忌规范程序的重要一步。

在研究香味或味道之前，首先需要了解我们的嗅觉是如何处理信息，以及这些信息如何让我们能够识别出不同的元素。

认识嗅觉

最重要的事情，就是要知道嗅觉感受器在哪里，这样我们才能在品尝时应用这些接收信息的部位。上颚中最敏感的感受器就是嗅觉系统。嗅觉感受器中的每个神经细胞都包含单独的嗅觉神经元，并深嵌在你的鼻腔里，接受着周围气味分子的刺激。

无论是夏天的草地还是你最喜欢的咖啡店，我们去的每一个地方，都充满了独特的香气。一旦某种气味被探测到，神经元就会尽其所能识别出这种气味，并通知你的大脑对信息进行处理和分类。因为气味比信息接收器多得多，所以这些接收器通常会形成合力，来识别

嘴和舌头主要用来检测最基本的味道，而对其他气味的识别效率非常低。

特定的香味。

当你闻到气味时，接收信息的第一个途径是鼻孔。你可能不知道的是，在你的舌头后面还有另一条通道，当你品尝某种食物时，气味分子通过喉咙后部到达嗅觉感受器。但是当你感冒时，这些感受器会被阻断，你的味觉就受到阻碍。用品尝威士忌的术语来说，用嗅觉系统来探测香味称为“嗅”。

用鼻子品鉴

除了最基本的味道，如咸味、甜味和苦味外，我们的嘴和舌头实际上对其他味道的识别效率非常低。但由于这些正是嗅觉系统无法检测到的东西，所以你可以慢慢地了解到我们的鼻子、舌头和嘴巴在品尝过程中，是如何最终联系在一起的。简单地说，香气加上味道等于风味。

嗅觉技巧

就像在每次品尝威士忌的时候，清洗你的味觉一样，在品尝威士忌之前，应该“校正”你的嗅觉系统。

保持味觉灵敏

避免食用味道浓烈的食物，在品酒前一小时不要吸烟。这两种物质都会使你的嗅觉变得迟钝，让你的鼻子难以察觉到更细微的香味。

保持嗅觉精准

如果发现你的味蕾不堪重负，也许是因为你已经喝了很多威士忌。那么就请闻闻没有戴手表的手腕，这可以帮助你“重置”嗅觉系统。

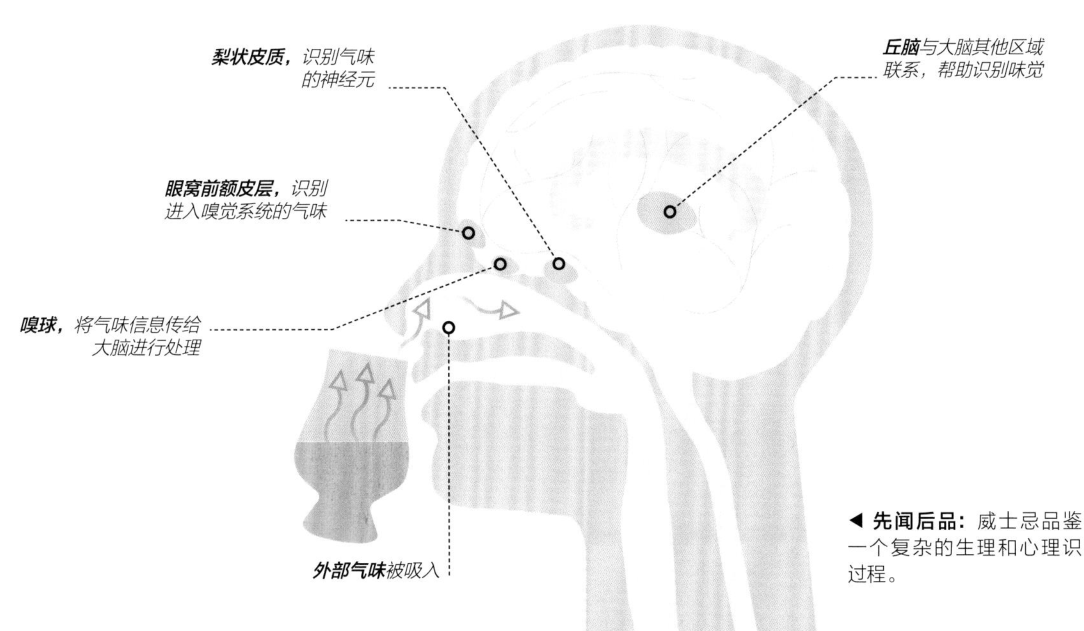

◀ **先闻后品：**威士忌品鉴是一个复杂的生理和心理识别过程。

品鉴 02/20

鼻子闻香

你已经了解到嗅觉系统对大部分香气物质的鉴别具有重要作用，现在开始测试，请集中注意力，使用鼻子来探测香气和味道。

方法说明

在这里，重点是嗅觉，通过闻威士忌来辨别它的香味。首先闻一闻未稀释的纯威士忌，然后在每杯试着加入几滴水，继续用鼻子闻，做好记录，再加入更多的水（威士忌最终能被稀释50%），并在每个阶段做好记录。通常你喝威士忌时可能不会加这么多水，但在这个过程中是为了品鉴分析，目的是找出最完整丰富的香味。

品鉴训练

在这次品鉴过程中，你需要明白的是嗅觉的重要性，以及如何使用嗅觉帮助你精确地分辨出威士忌的风味。你也会领悟到，利用水来帮助威士忌散发香味的重要性。虽然每一次品鉴没有必要都使用这个方法，但通过训练可以熟悉如何通过加水，来找出威士忌最完整丰富香气的方法！

先闻每个未加水稀释的纯威士忌，然后试着滴入几滴水，继续闻香。

（Chivas Regal Mizunara Finish）
芝华士水楢桶熟

苏格兰调和威士忌

40%ABV

如果你找不到这款酒，可以用日本响和风醇韵（Hibiki Harmony）调和威士忌

酒体 3　这款芝华士威士忌最终是在水楢桶中熟成的。

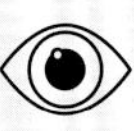

金稻色

芳香草本植物、樱花香味、胡椒和太妃糖味

轻薄的，稍许油性质地

后味清淡

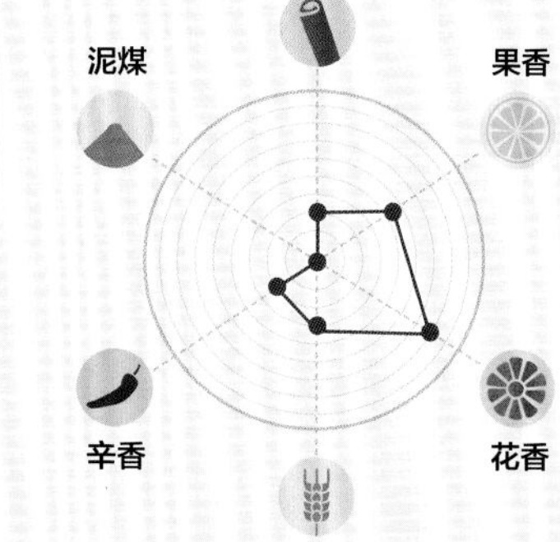

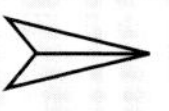

喜欢这款酒吗？试试百龄坛（Ballantine's）17年威士忌

（Balvenie SB 12YO） **百富小批量12年**	（Sazerac Rye） **萨泽拉克黑麦**	（Lagavulin 16YO） **乐加维林16年**
斯佩塞单一麦芽威士忌	肯塔基黑麦威士忌	艾雷岛单一麦芽威士忌
47.8%ABV	45%ABV	43%ABV
	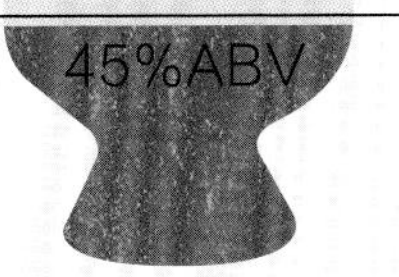	
如果你找不到这款酒， 可以用奈普格城堡（Knappogue Castle）12年威士忌	**如果你找不到这款酒，** 可以用占边（Jim Beam）黑麦威士忌	**如果你找不到这款酒，** 可以用雅柏乌干达（Ardbeg Uigeadail）威士忌
酒体 2 成立于1892年，是格兰特家族继格兰菲迪之后的第二家单一麦芽酿酒厂。	**酒体 5** 由肯塔基州屡获殊荣的布法罗微型酿酒厂生产。	**酒体 5** 评价非常高的艾雷岛（Islay）单一麦芽威士忌，具有醇厚的餐后酒风格。
浅金色	**锈褐色**	**金琥珀色**
雏菊和毛茛叶味， 带有新鲜的蜂蜜硬皮面包味	**美味牛肉干、** 帕尔玛火腿、烧烤产生的烟、芳香坚果味	**旧皮沙发味、** 烟草味、巧克力味、桂皮味、泥煤烟味
蜂蜜的甜味、 天鹅绒般的口感	**甜味、辛香味、** 胡椒和奶油味	**金黄色** 的糖浆质感
回味 **甘甜悠长**	又 **干** 又充满辛香	**悠长、** 有烟熏味
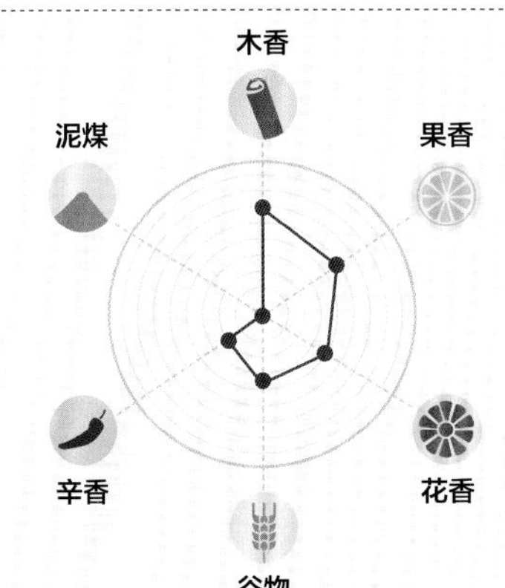 	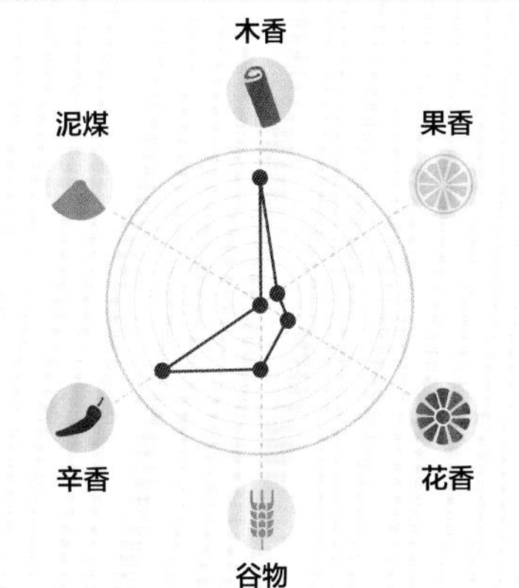 	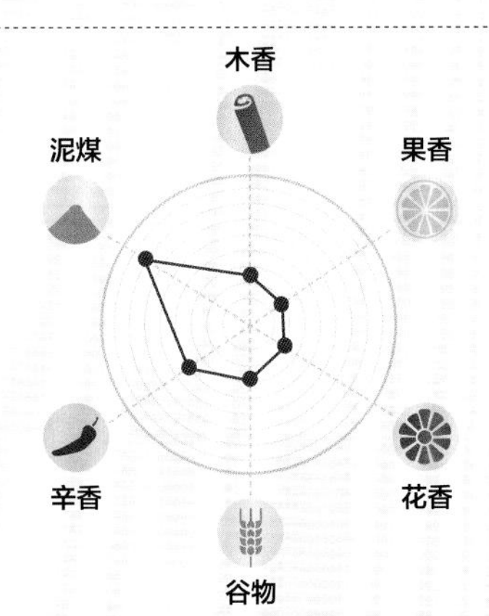
喜欢这款酒吗？ 试试格兰昆奇（Glenkinchie）12年威士忌	**喜欢这款酒吗？** 试试FEW黑麦威士忌	**喜欢这款酒吗？** 试试威姆斯烧窑余烬（Wemyss Peat Chimney）威士忌

威士忌的风味鉴别

对于任何一种威士忌，都有一系列复杂的风味需要辨别。使用香气轮盘，是确定威士忌主要味道的有效方式。随后深入细致地探索各种风味的微妙之处。

没有两种威士忌的风味是一样的。每一款酒，即使来自同一酿酒厂的两种威士忌，也会存在细微或较大的差别。

方法说明

品鉴术语越流畅，词汇越丰富，就越能为我们尝试的每一款酒建立起真正的个性化笔记。

在这个过程中，“香气轮盘”是一个非常有用的工具。右边是一个很好的例子，你可以把它作为你做笔记的起点。不过，无论如何，你都不应该认为它是固定不变的“图表”。毕竟，在品酒过程中，最有趣的评语，将来自你自己的想象。

六个基本风味种类，随着辐射范围的深入，变得越来越具体。

经过训练，你将能够无须借助这些辅助工具，独立地写出品鉴术语。但是在那之前，作为一种训练方式，帮助大脑思考威士忌的风味是如何分类的，用香气轮盘作为参照物，则是极其有效的方式。

六大主要风味分类

使用香气轮盘可以将酒的主要风味进行分类，且容易准确掌握。

以威士忌为例，专家们一致认为，它的风味可分为六大类：

- 木香
- 果香
- 花香
- 谷物
- 辛香
- 泥煤

明白并熟悉以上风味，就会为你深入了解并探讨那些丰富多彩、味道迷人的威士忌的奥秘奠定基础。

当威士忌变质时

威士忌是一种烈酒，但有时风味也会变质。

虽然在威士忌中发现“变质”的概率要比葡萄酒少，但这种情况确实发生过，尤其是用软木塞密封的威士忌，与葡萄酒一样，也会因软木塞污染而影响威士忌。氯酚化合物（来自杀虫剂和防腐剂）被软木塞吸收，转化为TCA（三氯苯甲醚），然后与瓶中的威士忌发生反应，产生一种发霉、难闻、潮湿的气味，它虽然不会严重影响身体健康，但很难闻，一旦威士忌有这样的异味，就不要喝了。

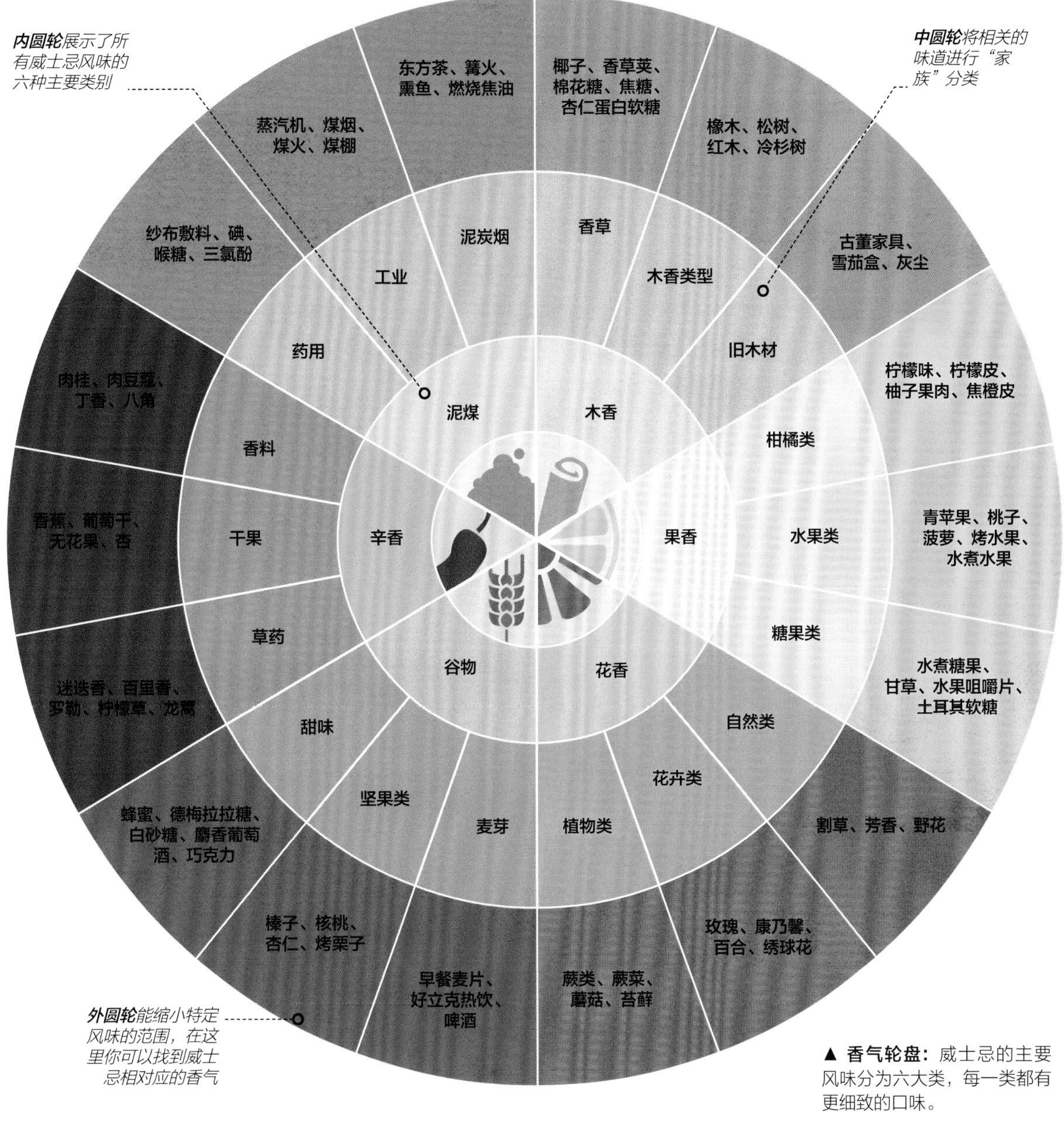

▲ **香气轮盘：**威士忌的主要风味分为六大类，每一类都有更细致的口味。

如何使用香气轮盘？

就像车轮上的辐条，当香味从六种主要风味中辐射出来时，它们变得越来越具体。例如，你可以看到，“泥煤”威士忌并不是只有一个子类。

因此，“泥煤”可以指一种药用味道或某种烟熏味，甚至是某种“工业”或金属味。在这三个子类别中，还有更多的口味有待探索。所以，使用香气轮盘将帮助你逐步揭示威士忌的奇妙和复杂。

品鉴

03/20

口味品尝

为了保持连续性，这里使用与上次品鉴相同的威士忌，重点是关注味道和香气之间如何协调平衡。优质威士忌的质量永远取决于味道和香味之间的平衡。

方法说明

从左到右品鉴威士忌。品鉴纯威士忌（当然，这取决于浓度的高低），有时会导致味蕾麻木，让你很难品尝接下来的其他威士忌。开始时可以在每杯威士忌里加几滴水，尝一下，然后再加入更多的水，直到你觉得达到了它的“顶峰”——味道和酒精达到平衡。

品鉴训练

首先用鼻子“闻”完每一杯威士忌后，再用嘴品尝，这样你会感觉到不同威士忌的味道，以及它们在舌头和嗅觉系统中的区别，品尝后发现由于气味的累加作用，得到的味道会更强。随着训练的逐渐深入，你的品鉴能力会不断得到提高，并且慢慢学会识别和区分不同的味道。

训练你的品鉴能力，
识别和区分不同的风味。

（Chivas Regal Mizunara Finish）芝华士水楢桶熟

苏格兰调和威士忌

40%ABV

如果你找不到这款酒，可以用日本响和风醇韵调和威士忌

酒体 **3**

19世纪50年代，芝华士兄弟开始生产调和威士忌。

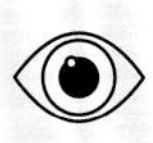

金稻色

香草、樱花香味、胡椒和太妃糖味

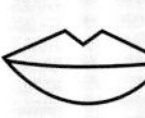

甜蜜、香橙花蜂蜜、香料、柑橘、桃皮

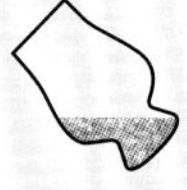

质地轻盈、微油

风味图

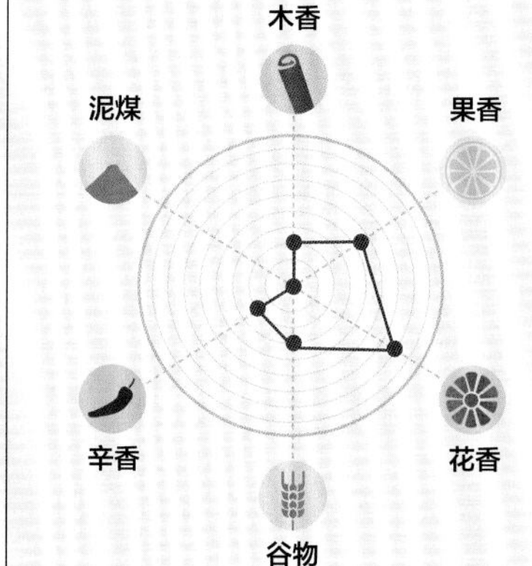

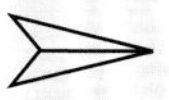

喜欢这款酒吗？试试百龄坛17年威士忌

（Balvenie SB 12YO） **百富小批量12年** 斯佩塞单一麦芽威士忌 47.8%ABV	（Sazerac Rye） **萨泽拉克黑麦** 肯塔基黑麦威士忌 45%ABV 	（Lagavulin 16YO） **乐加维林16年** 艾雷岛单一麦芽威士忌 43%ABV
如果你找不到这款酒，可以用奈普格城堡12年威士忌	**如果你找不到这款酒，**可以用占边黑麦威士忌	**如果你找不到这款酒，**可以用雅柏乌干达威士忌
酒体 **2** 这是苏格兰最古老的酿酒厂之一，会使用一些自家种植的大麦酿酒。	**酒体** **5** 这种威士忌是新奥尔良发明的萨泽拉克鸡尾酒的基础	**酒体** **5** 是一款很好的艾雷岛泥煤威士忌。
浅金色	**锈褐色**	**金琥珀色**
雏菊和毛茛叶味、新鲜的蜂蜜	**丰富、辛香的，**有牛肉干、帕尔玛火腿、烧烤产生的烟味，非常芳香	**皮革、烟草味，**巧克力、肉桂、泥煤烟味
香草、柠檬酱、奶油甜甜圈，加入水后柑橘味变柔和	**辛香的，植物味、**新鲜苹果，甜焦糖、奶油糖果、爽口水果	**杏酱吐司，**草药、茴香、肉桂、泥煤烟味的软糖
回味**甘甜**悠长	**非常干，**辛香，回味悠长	**余味悠长、**有烟熏味
木香 泥煤 果香 辛香 花香 谷物	木香 泥煤 果香 辛香 花香 谷物	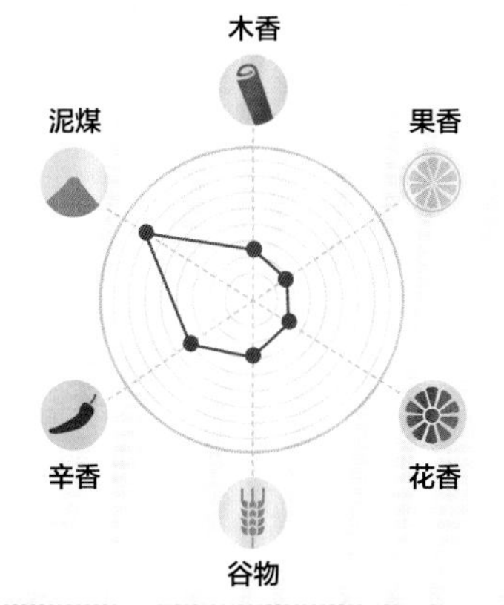
喜欢这款酒吗？试试格兰昆奇12年威士忌	**喜欢这款酒吗？**试试FEW黑麦威士忌	**喜欢这款酒吗？**试试威姆斯烧窑余烬威士忌

酒体与余味的鉴别

什么是威士忌的酒体和余味呢？从感官上来说，是在你咽下或吐出威士忌后，酒的口感如何及残留余味的持续时间，只有经过这最后一个步骤，才能让品酒成为一次完美的体验。

了解“酒体”

在所有威士忌的术语中，“酒体”可能是最难准确描述的。这是一个感觉的过程，需要通过不断实践来学习。

通常，酒体就是威士忌在口中的感觉，与味道关系不大，你也可以使用“重量（weight）”或“口感（mouthfeel）”等术语来表达，因为从字面上理解，它是威士忌在你嘴里感觉的轻与重。别担心，一旦你经过多次训练、反复品尝后，就会找出更多的技巧，你品尝威士忌的技术将会得到很大提高。

▼ **品鉴威士忌，**先看外观，再闻香气，品尝味道，最后感觉它的余味。

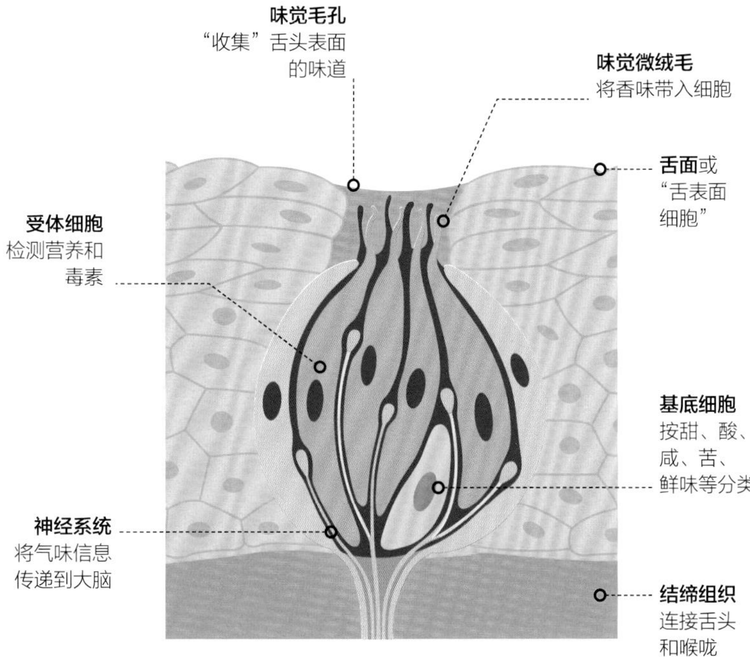

▲ **味蕾：**成年人的舌头和软腭上大约有8000个味蕾，大多位于舌头。每个都是微观的感官“加工厂”。

需要注意的是，酒体不能代表品质，清淡的威士忌和浓郁的威士忌都可以很让人享受。

品尝“余味”

品尝“余味”是这个过程的最后一步。闻起来、尝起来都很棒，但是余味却让人失望的威士忌并不少见。

如果没有亲自品尝一些威士忌，我们很难去具体描述或者是量化余味，这一点和酒体与口感很相似。

像很多谈论威士忌的话题一样，余味是享受和自我感受的范畴。如果你感觉到了什么，那说出来就行。“油油的?”“有点肉质感?”有很多可以用来谈论酒体和余味的表达方法。你最终会对威士忌拥有你自己的体会。我们要寻找的余味，就是一种似乎是无形，但是却把所有的细碎的感觉都联系在一起，让所有香味完美结束的感受。

只要酒的余味好，那么酒的余味持续了多长时间就没那么重要了，只要它没有立即消失就行。而如果余味立即消失，则很有可能是我们在品尝威士忌时最大的失望。

酒体是威士忌在口腔里的感觉，与风味关系不大。

影响酒体的外部因素

很多因素会影响威士忌的酒体，主要包括：

- **橡木桶**的类型和“新旧程度”。例如，一个全新的美国波本橡木桶，比使用过的橡木桶含有更多的萃取物，这类萃取物包括木质素，并产生一种天然的有机化合物。
- **矮蒸馏器**。比较矮胖的壶式蒸馏器，会减少铜与酒精接触的时间，通常会产生“更浓厚”的威士忌。
- **酒精浓度**。有时候，高酒精浓度会让人对威士忌产生更饱满的感觉。
- **泥煤烟味**有时也会给人一种类似酒精的浓厚、呛烈味道，但不都是这样。

与品尝其他东西一样，对酒体的感受，完全是因人而异，如果你的感觉同其他人不一样，也不要担心，分享味觉体验也是一种乐趣。

品鉴 04/20 感受酒体与余味

在这次品鉴中，使用了四款和前两次相同的威士忌，通过你口腔和咽部的各个部位对酒进行了品尝，包括它的酒体和回味。

方法说明

在这里，你应该分析一下威士忌的余味，试试当你咽下威士忌，仍能借口腔中残留的余味继续体会威士忌的香醇风味，然后对酒体和余味进行评估，味道有什么不同呢？如果有的话，口感和香气能持续多久？这就是余味。记住，在品尝两种不同威士忌口感的间隙，喝点纯净水或吃点食物以消除味蕾上的余味。

品鉴训练

最后，你可以把整个品尝过程结合起来，将威士忌的外观、香气、味道和酒体进行综合评价。

现在，你应该完全知道什么是“品鉴”——以及如何将威士忌的品鉴结果总结成一个完整的品鉴评语了。

现在你应该完全明白什么是“品鉴”了。

（Chivas Regal Mizunara Finish）芝华士水楢桶熟

苏格兰调和威士忌

40%ABV

如果你找不到这款酒，可以用日本响和风醇韵调和威士忌

酒体 3	芝华士的大部分产品来自斯佩塞的斯特拉塞斯酿酒厂。

金稻色

芳香草本植物、樱花香味、胡椒和太妃糖味

葡萄的甜味，橙花、蜂蜜、辛香、柑橘和桃子味

绵长的蜂蜜、柑橘类水果，余味悠长，口感甘甜，微油

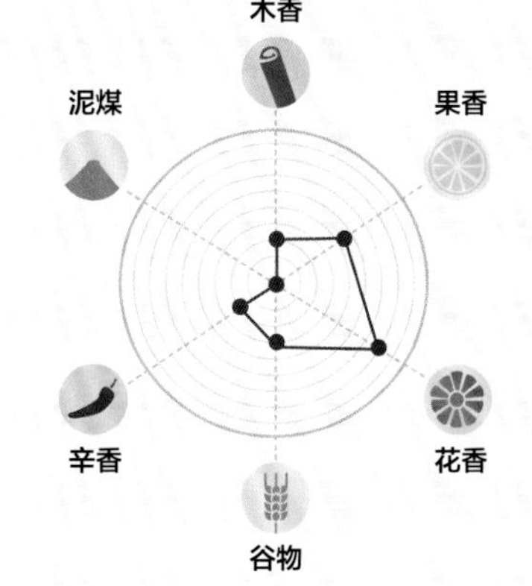

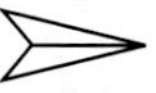

喜欢这款酒吗？试试百龄坛17年威士忌

（Balvenie SB 12YO） **百富小批量12年** 斯佩塞单一麦芽威士忌 47.8%ABV	（Sazerac Rye） **萨泽拉克黑麦** 肯塔基黑麦威士忌 45%ABV 	（Lagavulin 16YO） **乐加维林16年** 艾雷岛单一麦芽威士忌 43%ABV
如果你找不到这款酒，可以用奈普格城堡12年威士忌	**如果你找不到这款酒，**可以用占边黑麦威士忌	**如果你找不到这款酒，**可以用雅柏乌干达威士忌
酒体 **2** 类似在三只猴子麦芽威士忌中混合了格兰菲迪、奇富的单一麦芽威士忌。	**酒体** **5** 和鹰牌、凡温克和波兰顿威士忌一样，都是来自同一家族的肯塔基威士忌。	**酒体** **5** 乐加维林坐落在美丽的艾雷岛海岸。
浅金色	**锈褐色**	**金琥珀色**
雏菊和毛茛叶味，带有新鲜的蜂蜜硬皮面包味	**丰富、**辛香的，有牛肉干、烧烤产生的烟味，非常芳香	**皮革、烟草味，**巧克力、肉桂，泥煤烟味
辛香类香草、柠檬凝乳、焦糖、奶油、糖粉、柑橘味	**辛香的、植物芳香、**新鲜苹果，奶油糖果、焦糖、爽口水果	**杏酱**涂在酥脆的棕色吐司上的味道，八角、桂皮、干香草
香草、香料、甜美芳香的余味，有柔和、奶油的质地	**甘草、肉桂，**随后是丁香和香草味道，质地醇厚	**泥煤烟，**印度香料，薄荷醇或桉树味，亚麻籽油状质地
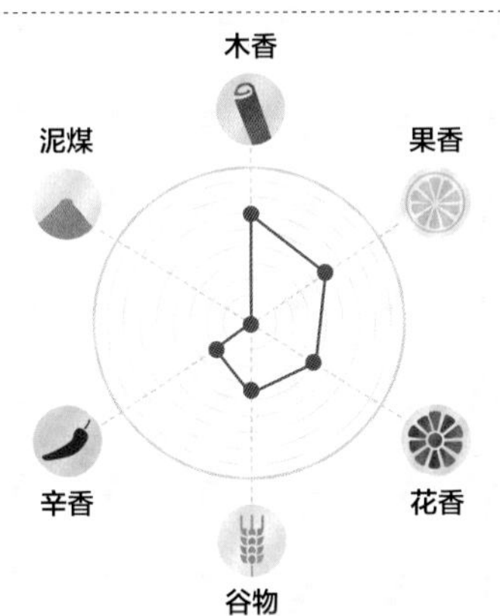	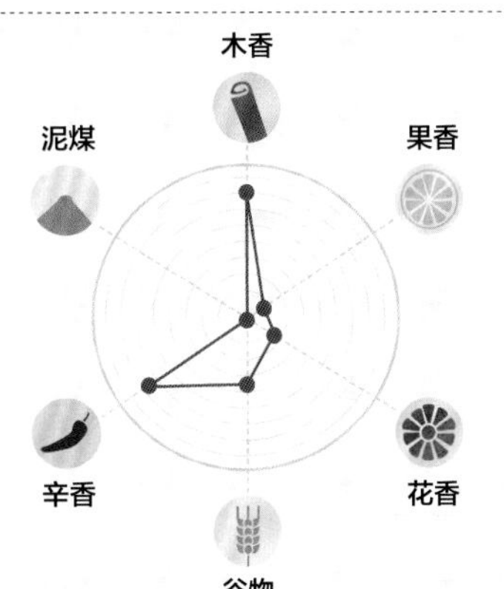	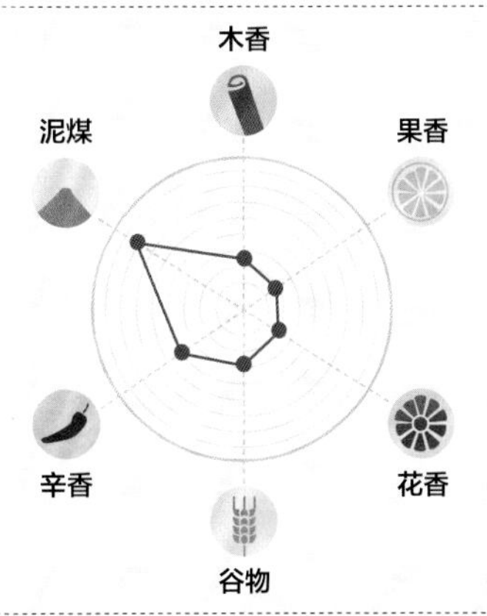
喜欢这款酒吗？试试格兰昆奇12年威士忌	**喜欢这款酒吗？**试试FEW黑麦威士忌	**喜欢这款酒吗？**试试威姆斯烧窑余烬威士忌

第三章 3

按风格品鉴

威士忌口感绝世芬芳，品种丰富多彩。仅“苏格兰威士忌”（Scotch）就包含了单一麦芽、单一谷物和调和威士忌。美国和爱尔兰威士忌风格独特，种类齐全。加拿大、日本和世界其他地方的威士忌更是品种繁多，不胜枚举。这就是为什么我们不仅要关注威士忌的产地，更应关注威士忌的制造方式以及它所代表的风格的原因。你会发现麦芽威士忌，调和威士忌，波本威士忌，黑麦、玉米和小麦威士忌有何区别（及联系）。

LAGAVULIN

苏格兰风格威士忌

提起**单一麦芽威士忌，**首先想到的产地就是苏格兰。苏格兰单一麦芽威士忌种类繁多，质量上乘，口感从柔滑到醇厚。苏格兰是著名的泥煤威士忌生产地，例如艾雷岛（Islay）的乐加维林（Lagavulin）（左图）。其次是谷物威士忌，苏格兰谷物风格威士忌，主导了世界威士忌市场，它还为调和威士忌、波本威士忌和其他美国威士忌的兴起铺平了道路。苏格兰的调和威士忌，占苏格兰威士忌全球销量的近90%，苏格兰威士忌的典型风格是其他威士忌生产国无法比拟的。

在同一个酒厂生产 + 使用大麦麦芽 + 使用壶式蒸馏器 + 熟成至少3年 + 瓶装最低酒精度40% ABV = 单一麦芽威士忌

▲ 威士忌概览
单一麦芽威士忌制造流程。

什么是单一麦芽威士忌?

对于许多人来说，这是殿堂级的威士忌品种。现在苏格兰和全世界都生产单一麦芽威士忌。它有什么特色？为什么会如此被人厚爱呢？

它是什么?

可能很难概括所有威士忌制作规则，上面的图片希望对你能有所帮助。单一麦芽威士忌的关键点是使用100%大麦芽进行酿造。

还应注意，一瓶单一麦芽威士忌可以来自不同的生产批次，但必须仅来自同一个酿酒厂。这就是单一麦芽威士忌中“单一”的含义。在其故乡苏格兰，单一麦芽是在苏格兰的五个主要威士忌产区——高地和岛屿、低地、艾雷岛、斯佩塞和坎佩尔镇生产的。

苏格兰有 100 多家生产单一麦芽威士忌的酿酒厂，每个厂的产品都不相同，各有特色。

它为什么特别?

单一麦芽保持其标志性地位的原因如下：

- **起源：**它是威士忌的“原始”形式，是所有其他类型威士忌的发展基础。自从几百年前威士忌问世以来，尽管它的外观和口味肯定已经发生改变，但是有明确的历史记载和生产方法，直接形成了如今的单一麦芽威士忌。
- **位置：**生产单一麦芽威士忌的酒厂通常坐落于山清水秀的地方。美丽的环境无疑会增加人们对威士忌的受欢迎程度，对此，任何营销人员都会赞同。不过，生产地点是否对威士忌的味道有所贡献，尚有很多争议。

- **风味的多样性：**苏格兰有100多家生产单一麦芽威士忌的酿酒厂，每个厂的产品都不相同。虽然都使用相同的基本技术，但它们可能使用不同的大麦，或者改变发酵时间；糖化、发酵和蒸馏设备的规模和形状也各不相同。还有众多的橡木桶类型。即使在一个酿酒厂也可以通过改变一个或多个工艺过程来产生不同风格的威士忌。所以导致威士忌的品种和口味几乎可以无限多地进行组合，这才是威士忌如此迷人的原因。

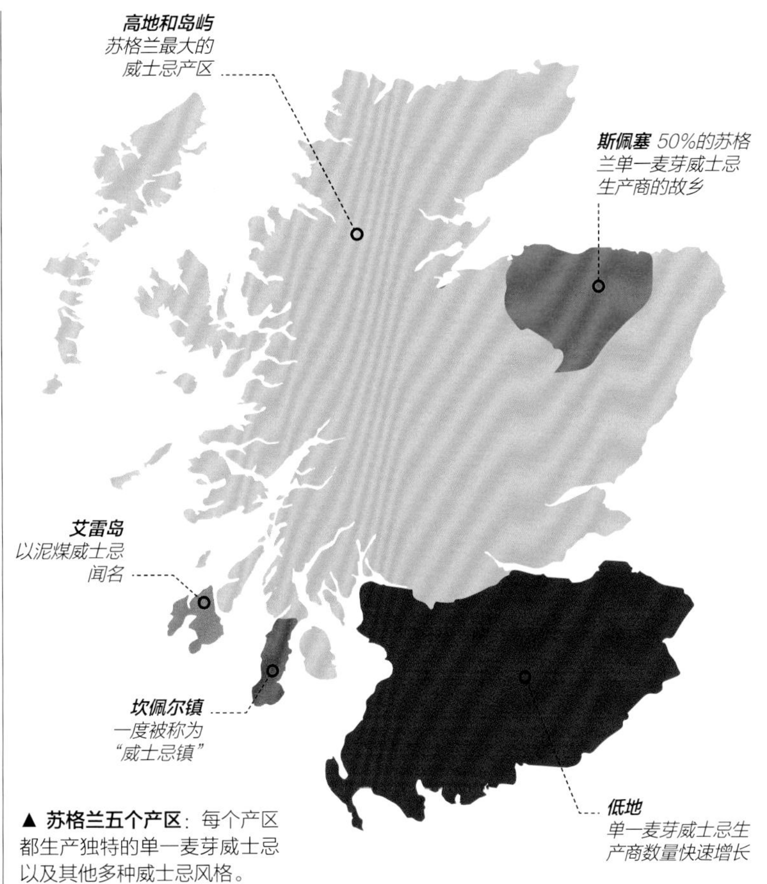

▲ **苏格兰五个产区**：每个产区都生产独特的单一麦芽威士忌以及其他多种威士忌风格。

追随领导者

自古至今，尽管苏格兰是最重要的单一麦芽威士忌产区，但现在全世界都在生产单一麦芽威士忌。

例如，知名度和威望日益飙升的日本单一麦芽威士忌，赢得了“世界最佳”奖。亚洲其他地方的酿酒厂包括印度和中国，以及欧洲、北美、南非和大洋洲的酿酒厂也生产引人瞩目的单一麦芽威士忌。

世界麦芽威士忌地图▶这张地图显示了世界单一麦芽威士忌的主要产地（中国近年也成为新兴的单一麦芽威士忌产地）。

品鉴

05/20

苏格兰单一麦芽威士忌

苏格兰单一麦芽威士忌被视为苏格兰风格威士忌的巅峰之作。但是，它们的口味差异很大。在这里，我们品鉴四款单一麦芽威士忌，让你从中了解它们之间的差异。

方法说明

从左到右来品尝。以风味强弱来排列——左边轻些，右边重些。先不加水，闻其香，品其味，加水后重复。加水前后，它们的香气和味道有何不同？这些说明仅作为品尝指南——您自己的感受是最重要的。

品鉴训练

这个训练展示了单一麦芽威士忌的不同之处。它们并不都具有甜味和花香，也不都有强烈的泥煤风味。每个酒厂都有自己的“风格”，并且装瓶也有很大影响。一旦你识别出你最喜欢的那杯后，下方的风味图将帮助你找到其他类似的风格，最终寻找到你喜欢的单一麦芽威士忌。

每杯都先不加水闻和尝；
然后加水，再重复闻和尝。

（Auchentoshan 12YO）欧肯特轩12年

低地单一麦芽威士忌

40%ABV

如果你找不到这款酒，可以用格兰杰（Glenmorangie）10年威士忌

酒体 2

位于格拉斯哥（Glasgow）郊区的威士忌酿酒厂生产三重蒸馏单一麦芽威士忌。

金稻色

甜香型，金银花、香草和淡淡的柑橘味

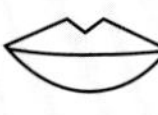

美味，甜美，随和。脆苹果、桃子和奶油

轻柔，果香味和绵长的余味

风味图

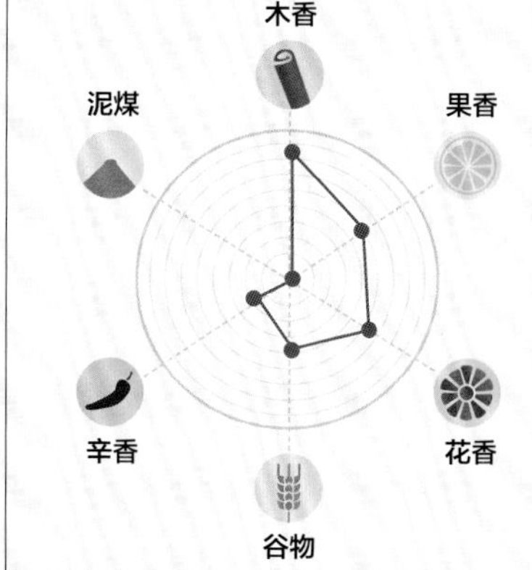

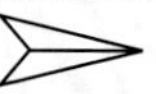

喜欢这款酒吗？试一下达尔维尼（Dalwhinnie）15年威士忌

（Glenfarclas 15YO）
格兰花格15年

斯佩塞单一麦芽威士忌

43%ABV

如果你找不到这款酒，可以用格兰多纳（Glendronach）12年威士忌

酒体 4

家族企业格兰花格以使用雪莉桶成熟而闻名。

金琥珀色

葡萄干和黑醋栗，带有轻微的肉桂粉味

丰富，油腻的口感；圣诞布丁和白兰地黄油

回味悠长，干爽和辛香

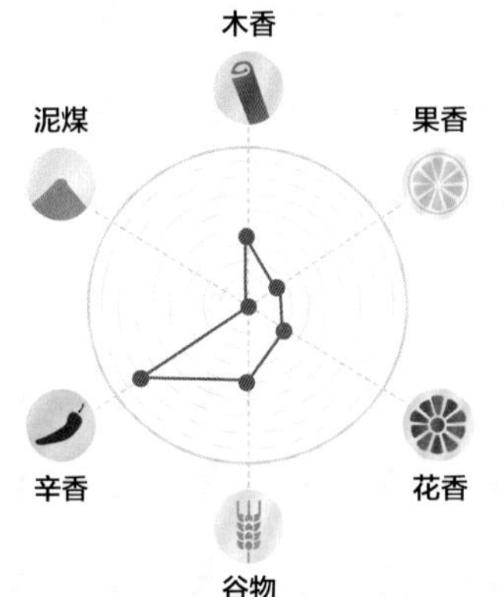

喜欢这款酒吗？试一下雅伯莱（Aberlour）12年威士忌

（Glen Scotia 15YO）
格兰蒂15年

坎佩尔镇单一麦芽威士忌

46%ABV

如果你找不到这款酒，可以用云顶（Springbank）10年威士忌

酒体 4

最近金泰尔半岛的酒厂在翻新和修复。

金稻色

像一包老式手工制作的水煮糖，略带海洋的气味

浓郁而复杂，杏仁果酱，牛轧糖，小杏仁饼；细微的泥煤烟熏味

长而微弱，苦甜味收尾

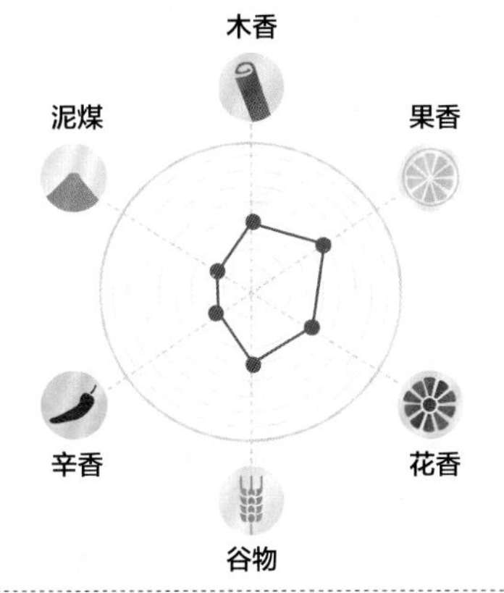

喜欢这款酒吗？试一下奥本（Oban）14年威士忌

（Bowmore 12YO）
波摩12年

艾雷岛单一麦芽威士忌

40%ABV

如果你找不到这款酒，可以采用卡尔里拉（Caol Ila）12年威士忌

酒体 4

艾雷岛最古老的酿酒厂生产的中度泥煤味威士忌。

金稻色

像是迎着海风在沙滩上漫步，泥煤的烟熏味和大块菠萝味道

泥煤烟熏过的水煮梨；淡淡的柑橘和柠檬香气

回味中长，以烟熏的柑橘味收尾

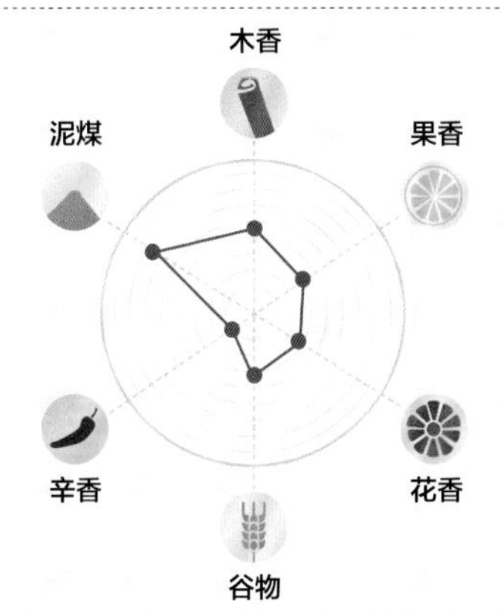

喜欢这款酒吗？试一下泰斯卡（Talisker）10年威士忌

什么是单一谷物威士忌?

威士忌工业进程中最重要的发展是发生在近200年前。

它是什么?

下图是复杂工艺的简化图示。要记住的是，单一谷物威士忌，尽管名称如此，其实是将麦芽、大麦与其他谷物，例如小麦、黑麦或玉米混合进行连续蒸馏方法而成的。“单一”是指这些制作过程是在同一个酿酒厂发生的。

在谷物威士忌诞生之前，苏格兰只有单一麦芽威士忌和调和麦芽威士忌，而爱尔兰仍然只用单一壶式蒸馏器来蒸馏威士忌。

背景

在苏格兰，以前的单一麦芽威士忌比今天的有更多的泥煤味或烟熏味，因为泥煤是制麦过程中用来干燥大麦的主要燃料。

历史上有三个人促进和完善了谷物威士忌的生产。1822年，爱尔兰人安东尼·佩里尔爵士（Sir Anthony Perrier）申请了一种“连续”制造威士忌方法的专利，该方法允许将大麦以外的谷物用于蒸馏。它启发了苏格兰人罗伯特·斯坦（Robert Stein）在1828年取得了柱式蒸馏器的“专利”。爱尔兰前海关和税务官员埃尼亚斯·科菲（Aeneas Coffey）随后以佩里尔和斯坦的产品为基础，完善了柱式蒸馏器，并于1830年获得了专利。如今，科菲（或柱式）蒸馏器仍然是谷物威士忌和波本威士忌制造的主要蒸馏器。

它如何工作?

科菲的设计意味着在该过程中会连续不断地大量蒸馏（请参见右图），并且也会提高酒精含量。但是，谷物威士忌生产商蒸馏的酒精浓度不能超过94.8%ABV，而美国规定，酒精度不能超过89% ABV。

因为它是一个连续的（即“开

+

+

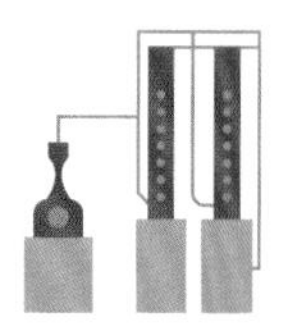

+

=

▲ 单一谷物威士忌简图

单一谷物威士忌是采用混合谷物为原料，并在同一个蒸馏厂进行连续蒸馏的威士忌。

◀ **柱式蒸馏。**看起来很复杂，其实就是液体流经设备时，发生液体冷凝和蒸馏的过程。

调和谷物威士忌

这个鲜为人知的类别通过“技术性”的方法存在。

该名称也是为了防止有的酒厂将两种完全不同的谷物威士忌合并在一起，并将其称为“单一谷物”威士忌。不过像罗盘针（Compass Box）这样的公司，凭“出色的品质和创新的勇气”开发了一些有趣的调和谷物威士忌，非常值得一看。

放的”）过程，而不是一个壶式分批蒸馏的（或“封闭的”）方法，所以生产过程可以向蒸馏器中连续投放原料。科菲蒸馏器改进了威士忌的制作方法，并且提高了效率。

哪种谷物？

大多数苏格兰酿酒厂都使用小麦；在美国，主要是用玉米。几乎所有酿酒厂都使用约10%的发芽大麦，因为其中的酶有助于将淀粉转化为可发酵的糖。谷物威士忌没有单一麦芽威士忌那么复杂，因为它经过蒸馏后人部分风味都被酒精取代了。风味主要依靠在老波本威士忌橡木桶中熟成获得。它的新酒具有清新、奶油香，而且一般是清爽的。陈年后，它会带有浓郁的太妃糖，辛香等复杂风味。

在谷物威士忌诞生之前，只有单一麦芽威士忌和调和麦芽威士忌。

什么是苏格兰调和威士忌？

苏格兰调和威士忌是世界上最受欢迎的苏格兰威士忌。如何调和？由谁决定？调和什么？这是一个引人入胜的故事——就像它如何受欢迎的故事一样。

调和的目的是创造一种比其组成部分更好的威士忌。

它是什么？

苏格兰调和威士忌是一种或一种以上单一麦芽威士忌与一种或一种以上单一谷物威士忌的混合。像所有苏格兰威士忌一样，在苏格兰调和威士忌必须至少陈年三年，而且需在苏格兰进行装瓶，最低酒精度40%ABV。

调和的历史

大约在19世纪中期，大多数苏格兰单一麦芽威士忌都使用带角尖的大麦麦芽制成，这种非常独特的风格并不符合每个人的口味。

新发明的柱式连续蒸馏器所制造的谷物威士忌的加入，改变了这一切。威士忌制造商开始将这种新的中性威士忌与当时香味更复杂，并通常有烟熏味的单一麦芽威士忌融合在一起，调配成更柔和的威士忌，并很快受到青睐。

这些调和先驱者很多是食品杂货商，咖啡、茶和香料等当时奢侈物品的供应商，例如基尔马诺克（Kilmarnock）的约翰·沃尔克（尊尼获加，Johnnie Walker），阿伯丁（Aberdeen）的约翰·芝华士和詹姆士·芝华士（John and James Chivas）以及格拉斯哥的乔治·波兰特（百龄坛 Ballantine）等人。他们的产品至今仍然存在，并成为誉满全球的品牌。

单一麦芽 + 单一谷物 = 苏格兰调和威士忌

◀ **简单加法？**
制作苏格兰调和威士忌看似简单，其艺术在于进行正确的调和。

为什么它广受欢迎？

苏格兰调和威士忌占据世界主导地位有许多原因，其中，主要是：

- 苏格兰威士忌行业在19世纪中期开始采用连续蒸馏，从而使产量与生产速度提升。
- 20世纪之前，爱尔兰威士忌行业却一直拒绝这样做。
- 拿破仑战争直到1815年才结束，导致法国葡萄酒和白兰地的需求下降。
- 1920—1933年，美国实施了禁酒令。具有讽刺意味的是，它对一些苏格兰威士忌以“仅用于医用酒精”提供了便利，允许它们进口到美国。

如何调和？

调和的目的是创造一种比其组成部分更好的威士忌。酒厂很

▲ **尊尼获加** 于2016年推出一款Blenders' Batch Red Rye Finish。顾名思义，这款酒是在老黑麦威士忌酒桶中完成最终陈年的。

少透露其威士忌配方中麦芽与谷物的比例，但是大多数商业调和威士忌中麦芽威士忌的含量为20%~25%。一般而言，调和威士忌价格越高，其麦芽威士忌的比例和年份就越高。

谁来决定调和？那些决定威士忌调和比例的人就是调酒大师。他们每年会抽取成千上万个样本，以便调制每一批产品。一旦“小样”调和威士忌开发出来后，就可以将其产品规模扩大，以便制造最后的调和威士忌。

失之东隅 收之桑榆

威士忌无意中成了葡萄根瘤蚜毁灭性破坏的受益者。

在19世纪后期，法国的葡萄园被大量的葡萄根瘤蚜侵扰，这种微小的昆虫几乎导致许多年无法生产葡萄酒和白兰地。由于以葡萄为原料的酒精饮品的库存不足，欧洲威士忌的销量猛增。

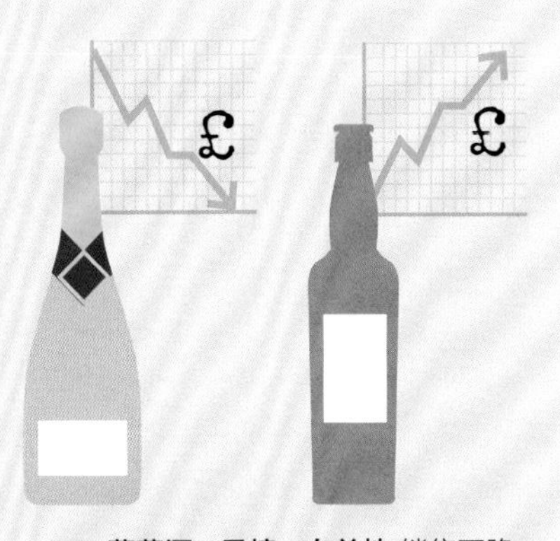

▲ **葡萄酒、香槟、白兰地** 销售下降70%源于根瘤蚜的爆发，同时，也促进了20世纪威士忌的发展。

▲ **三只猴子**（Monkey Shoulder）是三种单一麦芽的“简单”混合物，其他生产商有的时候最多使用六种以上的单一麦芽威士忌。

什么是调和麦芽威士忌？

为什么将单一麦芽威士忌与另一种单一麦芽威士忌混合？这似乎违背常理。主要目的是要寻找一些更新口味的威士忌风格，这也是一个越来越受到欢迎的调和威士忌类别。

它是什么？

这种威士忌风格比现在占主导地位的苏格兰调和威士忌更早就已经存在了。毕竟，当只有单一麦芽威士忌的时候，创造新威士忌的唯一方法就是将两种或多种单一麦芽威士忌调配在一起。简而言之，调和麦芽威士忌就是：将来自两个或多个蒸馏厂的两种或多种单一麦芽威士忌混合而成。

如果你想制作属于自己的调和麦芽威士忌，只需将单一麦芽威士忌同另一酒厂的单一麦芽威士忌进行调配。然后，你就有了一瓶自制的调和麦芽威士忌！

为什么要调和？

单一麦芽威士忌曾经以泥煤味和烟熏味为特征。将它们与其他谷物（例如小麦、玉米和黑麦）制成的威士忌混合在一起，被认为是使它们“更柔和”和更易被接受的理想方式。

将单一麦芽威士忌相互混合，是开发引人注目的新威士忌的好方法。

如今，单一麦芽威士忌的风味范围更加广泛，因此将单一麦芽威士忌相互混合，既可以保留单一麦芽威士忌的特征，又是一个创造引人注目的新威士忌的好方法。

对于喜欢单一麦芽威士忌的甜味，但又想尝试不同口味的人，调和麦芽威士忌是一个不错的选择。

谁会做这个?

大型蒸馏厂不倾向于在调和麦芽威士忌上投入大量资金，因为这在商业上没有多大意义。相反，这种工艺主要是由独立装瓶商进行——这些公司不拥有（或早期不拥有）蒸馏厂，而是购买威士忌橡木桶原酒为自有品牌进行瓶装。

这种方法允许独立装瓶商去尝试混合，承担那些拥有蒸馏厂的大型公司不会去冒的风险。结果，该类别一直在稳步增长，并受到欢迎，例如三只猴子（Monkey Shoulder）和道格拉斯·梁（Douglas Laing）等生产商开发出了深受好评的产品。

▼ **靠近格拉斯哥的格伦戈因（Glengoyne）酿酒厂** 允许游客混合自己的威士忌，这是该工厂“麦芽大师之旅”的特色部分。

中国台湾制造

在大部分当地烈酒供应商处，可能很难在醒目的位置找到调和麦芽威士忌，除了中国台湾。

因为中国台湾是最大的调和麦芽威士忌市场，例如南投酒厂的玉山威士忌。在该地区，调和麦芽威士忌开始于1984年，当时南投酒厂进口苏格兰威士忌并进行混合。在2008年，南投酒厂也开始发售本地制造的威士忌。中国台湾现在已经成为威士忌的重要产区，而且可以生产优质的调和麦芽威士忌，2015年在世界威士忌大奖赛上，中国台湾的噶玛兰经典独奏威士忌（Kavalan Solist Vinho Barrique）被授予业内人梦寐以求的“世界最佳奖”，就证明了这一点。

▲ **台湾玉山** 调和麦芽威士忌，于2016年发布，混合了在老波本威士忌和老雪莉酒桶中熟成的威士忌。

趣闻轶事

尝试创造你自己的调和秘方

将威士忌混合在一起似乎是一件亵渎神圣的事情，其实调配大师们一直在这样做。这是一个需要多年实践经验的工作，但这并非你自己不去尝试的理由。

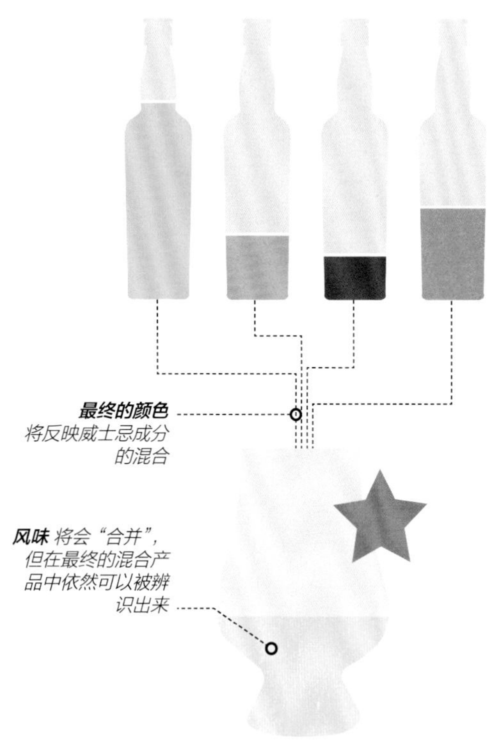

▲ **你的选择**
每款调和威士忌都是完全个性化的，因为你控制了所用到的威士忌的种类数量和比例。

调和的起因

调和始于19世纪中期，是一种平衡单一麦芽威士忌风味的方法，将含有较多的泥煤味的单一麦芽威士忌和更轻柔、更中性的谷物威士忌混合在一起。

现在，调和技术发展成一门学科，调酒大师们在实验室使用高度专业的设备以及自己的感官将威士忌混合在一起。但是，调和的最终目的是创造出一种比其中的任何一种威士忌口感更好的威士忌。无论是调酒大师还是狂热的爱好者，目的都是一样的：你对最终口味满意吗？

调和器具

要尝试调和，需要以下器具：

- 一个小量杯，大约50毫升
- 一个大量杯，大约500毫升
- 几个带软木塞/螺旋盖的空瓶子
- 一或两支带刻度移液管
- 六个品尝杯
- 笔记本和笔
- 不干胶标签
- 最多六种不同风格和规格的单一麦芽威士忌
- 一款新的（8～12年）单一谷物威士忌

谷物威士忌并非对所有调和实验都是绝对必要的。但是，它的确为混合威士忌提供了极好的“酒基”，我们在这里也是需要的。

开始调和

需要决定的第一件事是：我想要哪种调和风格？

以下示例展示了突出三种不同风格所需的威士忌比例。

除了你有新的发明，目前还没有其他办法。首先使用量筒将最柔和的威士忌添加到小量杯中，再分别加入更少量的每一种其他威士忌，每一个变化点，都要做笔记，然后使用品尝杯进行闻香和品尝。

当达到你满意的风味组合时，将其按比例放大到较大的量杯中，要确保你的笔记是最近更新过的。然后，将混合物倒入一个空瓶中，贴上标签，即可享用。

请记住，随着口味的融合，威士忌会在瓶中发生变化，期望是变得更好。继续记录它的变化，以便下次需要进行类似调和时进行调整。

调和的最终目的是创造出一种口感更好的威士忌。

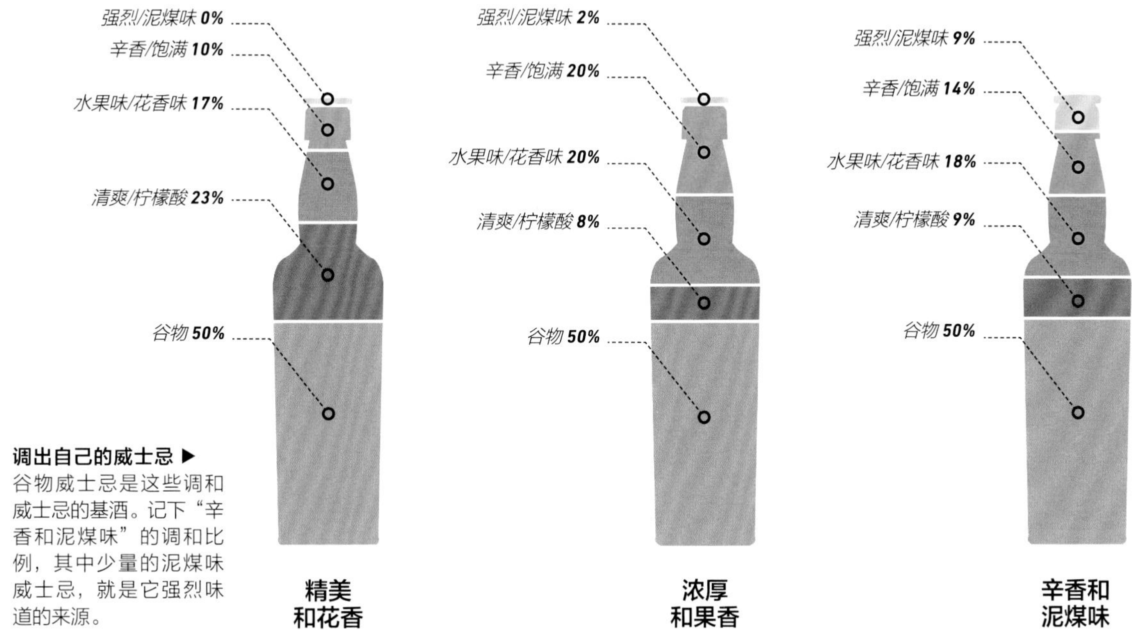

调出自己的威士忌 ▶
谷物威士忌是这些调和威士忌的基酒。记下“辛香和泥煤味”的调和比例，其中少量的泥煤味威士忌，就是它强烈味道的来源。

品鉴

06/20

苏格兰威士忌

并非所有“苏格兰威士忌”都具有相同的口味，实际上，它是具有多种风格、风味和口味的酒。这里所选择的威士忌是这一系列酒的部分代表。

方法说明

这次是对比品鉴。许多人在一生当中，都没有意识到这些不同风格的苏格兰威士忌的存在，更不用说平行鉴赏它们了。记住要记录口感和余味，因为麦芽威士忌和谷物威士忌通常会有很大不同。

品鉴训练

希望你能品鉴到更多品种的苏格兰威士忌。如果你找不到谷物威士忌和麦芽威士忌之间的巨大差异，那么就失去了品鉴的意义！到时，你只有选择同不喜欢威士忌的朋友一起喝酒，他们会说，所有威士忌都具有相同的口味。

这些威士忌是与不喜欢威士忌的朋友一起喝酒的完美选择。

（Looh Lomond Single Grain）罗曼湖单一谷物

单一谷物威士忌

46%ABV

如果你找不到这款酒，可以用格文专利蒸馏（Girvan“Patent Still”）威士忌

酒体 1	这种单一谷物完全由大麦麦芽制成，但是使用科菲蒸馏器蒸馏。

浅金色

甜甜的，新鲜的柑橘味，渐变为美妙的桃子罐头香味

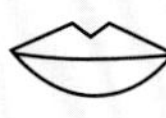

最初是轻盈而精致的，然后显示出成熟多汁的热带水果味道

中等长度的以柑橘和奶油汽水味收尾，口感绵软

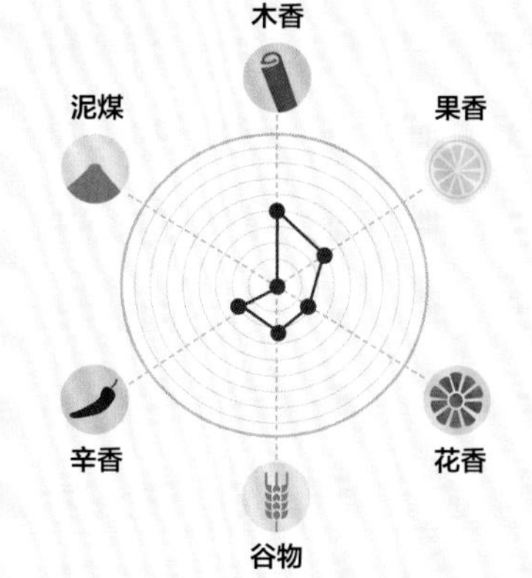

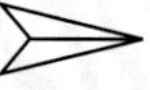

喜欢这款酒吗？试一下诺福克派切（Norfolk“Parched”）威士忌

（Arran 10YO）
艾伦10年

岛屿单一麦芽威士忌

46%ABV

如果你找不到这款酒，可以用斯卡帕·斯基伦（Scapa Skiren）威士忌

酒体	
2	1995年成立的第一批“新潮”苏格兰单一麦芽威士忌酿酒厂之一。

浅金色

温暖的香草味，逐步变为柑橘和新采摘的青苹果味

非常热情和新鲜，然后带有香草和柔和温暖的香料气息

淡淡的辛香收尾，柑橘香气贯穿始终

喜欢这款酒吗？试一下汤马丁（Tomatin）12年威士忌

（Compass Box “Great King St” Artist's Blend）
罗盘针“国王街”艺术家

苏格兰调和威士忌

43%ABV

如果你找不到这款酒，可以用尊尼获加黑标威士忌

酒体	
3	罗盘针是一家没有自己的蒸馏厂的调和威士忌独立装瓶商。

淡稻草色

新鲜的红莓水果香气，梨味水果糖，非常轻微的烟熏味

辛香，烟熏的蛋奶糕。清淡，微妙，清爽的柠檬

均匀平衡 且非常细腻、干爽的收尾

喜欢这款酒吗？试一下顺风禁酒令（Cutty Sark “Prohibition”）威士忌

（Wemyss “Spice King” 12YO）
威姆斯“辛香之王”12年

调和麦芽威士忌

46%ABV

如果你找不到这款酒，可以用道格拉斯·梁淘气鬼（Douglas Laing “Scallywag”）10年威士忌

酒体	
4	2014，独立装瓶商威姆斯在金斯邦斯（Kingsbarns）投资了一家新的酿酒厂。

浅金色

甜咸的焦糖味，白巧克力，充满芳香的菠萝

口感饱满的，调香过的煮熟的苹果。热的，撒上肉桂粉的葡萄干面包

非常长、干和胡椒味的收尾

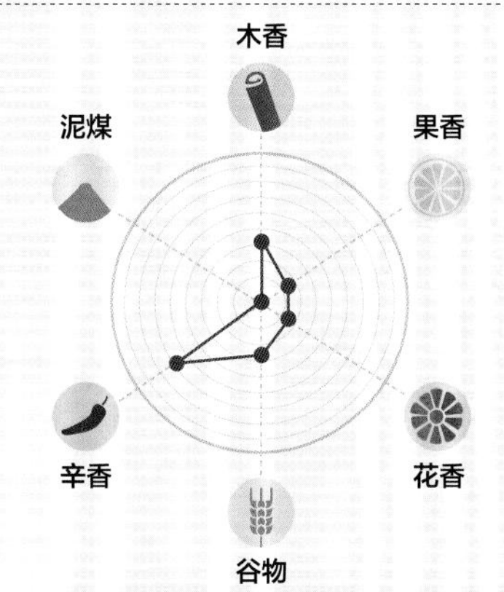

喜欢这款酒吗？试一下罗盘针香料树（Spice Tree）威士忌

OLD BUSHMILLS DISTILLERY CO LIMITED
SINGLE MALT
1608

爱尔兰风格威士忌

爱尔兰威士忌的制作方法与苏格兰威士忌基本相同，但也有一些关键性的区别。其中最主要的是爱尔兰威士忌同时采用了未发芽大麦和发芽大麦为原料，从而形成了爱尔兰威士忌独特的单一壶式蒸馏威士忌风格。三重蒸馏也是爱尔兰威士忌特有的方法，尊美醇（Jameson）和布什米尔（Bushmills）都采用这一工艺（苏格兰只有一两家蒸馏厂是采用三重蒸馏）。

如今，新的酿酒厂如雨后春笋般遍布整个翡翠岛，它们正在选择自己的酿造工艺和蒸馏方式，有的是使用传统的单一壶式蒸馏，还有的甚至反而遵循苏格兰式的蒸馏工艺。对于爱尔兰的酿酒业来说，这确实是很有意思的一个时期。

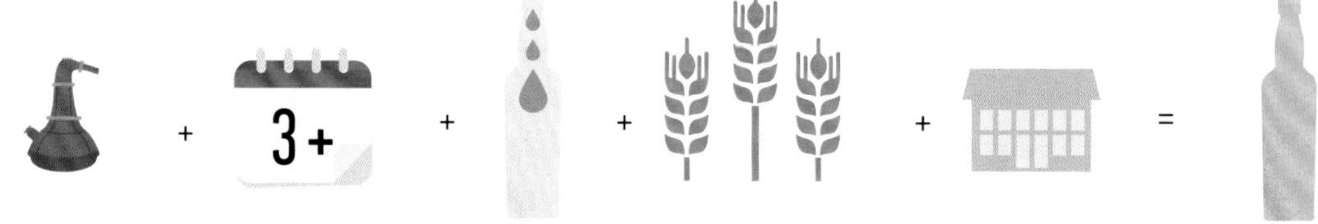

壶式蒸馏 + 熟成期至少3年 + 装瓶的最低酒精度40% ABV + 采用至少30%发芽大麦和30%未发芽大麦 + 单一蒸馏厂生产制造 = 爱尔兰“单一壶式蒸馏”威士忌

什么是爱尔兰威士忌?

▲ **爱尔兰威士忌**
传统上也称为单一壶式蒸馏威士忌，它与苏格兰威士忌相似，但也有关键性区别。

到今天，爱尔兰威士忌仍然是单一壶式蒸馏（SPS）威士忌的代名词。尽管现在出现了众多不同类型的爱尔兰威士忌，但爱尔兰仍然以单一壶式蒸馏威士忌最为著名，这也是其产品的主要特色。

它是什么?

上面的插图简要概括了爱尔兰单一壶式蒸馏威士忌的生产工艺。与其他冠有“单一”名称的威士忌一样，该酒必须是在同一个酿酒厂酿造，使用和单一麦芽威士忌相同的传统壶式蒸馏器生产。

谷物配方除了上面标示的使用发芽和未发芽的大麦，还可以包含最多不超过5%的其他谷物（例如玉米、小麦和黑麦）。通常，发芽和未发芽的大麦各占一半。

为什么要用未发芽大麦?

1785年，爱尔兰对发芽大麦威士忌进行征税，这使得生产成本大增，许多酒厂无法生存。为了保证利润，酿酒厂保留了一定比例的发芽大麦以帮助发酵和保留风味，并开始在麦芽汁配方里使用比较便宜的未发芽大麦。

这个配方所生产的威士忌比起单一麦芽威士忌更加辛香和浓郁。

起起落落

19世纪初，爱尔兰单一壶式蒸馏威士忌已成为世界上最受喜爱的威士忌。到1835年，爱尔兰的

优质单一壶式蒸馏威士忌具有丰富的类似草本的香气，入口甜美柔滑。

93家蒸馏厂中绝大部分生产单一壶式蒸馏威士忌，都柏林威士忌十分流行。

但是，这些大型的爱尔兰威士忌制造商拒绝使用19世纪中期的柱式蒸馏器生产，他们认为这种产品不是“真正的”威士忌。此外，大饥荒、爱尔兰独立战争和美国的禁酒令，导致对爱尔兰威士忌的需求下降。到19世纪70年代，只剩下两家酿酒厂。

重振雄风

2000年以来，单一壶式蒸馏威士忌正在复苏。回顾爱尔兰辉煌的威士忌历史，新酿酒厂继续采用这种蒸馏风格酿造单一麦芽威士忌。

优质的单一壶式蒸馏威士忌具有丰富的类似草本的香气，入口甜美柔顺。

探索和认识单一壶式蒸馏威士忌的最好方法就是：品尝。

三重蒸馏

在很多时候，大部分人认为正是三重蒸馏使爱尔兰威士忌区别于苏格兰威士忌，后者通常采用两次蒸馏。

准确地说，单一壶式蒸馏的原料配方与三重蒸馏的结合造就了其独一无二的特征。毕竟，一些苏格兰酿酒厂也采用三重蒸馏。爱尔兰和苏格兰也都用单一壶式蒸馏，科克的尊美醇（Jameson）就是世界上最大的单锅蒸馏产品（下图）。

◀**库铂·克罗兹（Cooper's Croze），**2016年出品，是为庆祝尊美醇的首席制桶匠格·巴克利（Ger Buckley）而酿制和命名的。

品鉴 07/20 "传统的"爱尔兰威士忌

布什米尔和尊美醇酒厂历经了爱尔兰威士忌的风风雨雨，最终站稳脚跟。当今，"新"威士忌热潮在爱尔兰正在兴起。现在，我们品鉴和回顾这两个传统威士忌厂家的经典产品。

方法说明

布什米尔用发芽大麦为原料进行三重蒸馏；而尊美醇则用发芽和未发芽大麦混合为原料进行三重蒸馏。这些酒款从左到右排列，带你踏上传统爱尔兰威士忌的品鉴之旅。

品鉴训练

当今，并非所有的爱尔兰威士忌生产商都使用三重蒸馏法。这个工艺虽然提高了酒精含量，使酒的口感更加柔顺，但也会减轻酒的部分风味。对比品尝其他的双重蒸馏威士忌，你能否探测到这一点？另一个主要的对比是在单一麦芽威士忌和两款单一壶式蒸馏威士忌之间。你是否注意到有什么区别？

三重蒸馏提高了酒精含量，
使酒的口感更加柔顺，
但也会减轻酒的部分风味。

（Bushmills 10YO）布什米尔10年

单一麦芽威士忌

40%ABV

如果你找不到这款酒，可以用安静人（Quiet Man）10年威士忌

酒体 2

2008，爱尔兰银行将布什米尔酒厂印在新钞票上。

浅金色

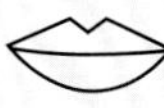

柔和、甜蜜、顺滑的蜂蜜香；轻柔的柠檬和草本香气

清爽，脆苹果；些微辛香；有点香草和柠檬酱味道

浓郁，甜中带苦，微酸，回味中长

风味图

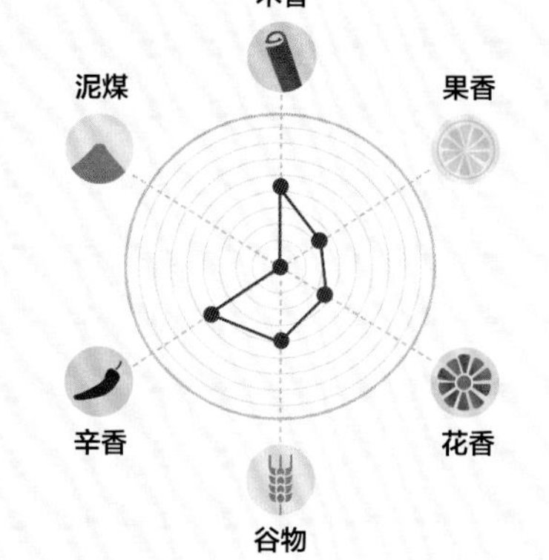

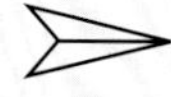

喜欢这款酒吗？试一下布什米尔16年威士忌

（Bushmills Black Bush）布什米尔黑布什

调和威士忌

40%ABV

如果你找不到这款酒，可以用布什米尔原味（Bushmills Original）威士忌

酒体 3

布什米尔实际上是使用尊美醇的谷物威士忌进行调和。

淡琥珀色

浓郁的，甜美的和辛香的煮梨味，桃子和菠萝香气

成熟的红色水果；黑莓酥饼碎和蛋奶糕；微酸和辣椒

回味悠长，多汁的酸度和令人满意的香气

木香
泥煤
果香
辛香
花香
谷物

喜欢这款酒吗？试一下帝霖（Teeling）调和威士忌

（Mitchell's Green Spot）米切尔绿点

单一壶式蒸馏威士忌

40%ABV

如果你找不到这款酒，可以用作家的眼泪（Writers Tears）威士忌

酒体 2

一款来自科克的尊美醇米德尔顿酿酒厂的单一壶式蒸馏威士忌。

金稻色

苹果和梨的香气，奶油味突出，辛香的香草和菠萝香气

柔和，带有热带水果、橡木香料和淡淡的清爽薄荷味道

回味轻盈，带有水果和香料味缓慢消失

木香
泥煤
果香
辛香
花香
谷物

喜欢这款酒吗？试一下帝霖单一壶式蒸馏调和威士忌

（Redbreast 12YO）知更鸟12年

单一壶式蒸馏威士忌

40%ABV

如果你找不到这款酒，可以用鲍尔斯约翰巷（Powers John's Lane）12年威士忌

酒体 3

爱尔兰威士忌获2013年"年度最佳爱尔兰威士忌"奖项。

金黄色

花园香草；甜美的、芳香的玫瑰果蜜

摩卡咖啡和棉花糖。成熟的桃子、杏和法式酸奶油的味道

回味轻而甜，略带苦；柔软的口感

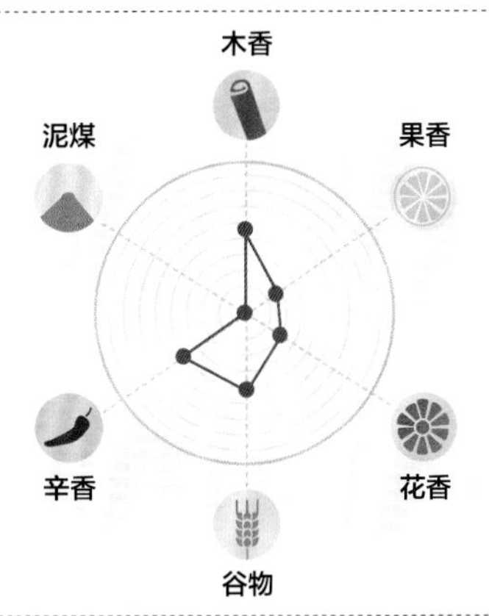

喜欢这款酒吗？试一下知更鸟15年威士忌

北美威士忌

美国的威士忌品种丰富。美国是一个热衷于创新的国家，有大约300年的威士忌酿造历史，拥有许多可以借鉴和发展的经验。除了波本威士忌，还有众多的其他美国威士忌，它们和传统波本威士忌一样广为流行且被重视，特别是伴随着微型蒸馏和精酿威士忌的兴起，玉米、黑麦、小麦，甚至单一麦芽威士忌正变得越来越受欢迎。除田纳西州和肯塔基州这两大传统产区外，威士忌蒸馏热潮正在席卷整个美国。

根据美国政府规定，公认的主要美式威士忌有以下几种。

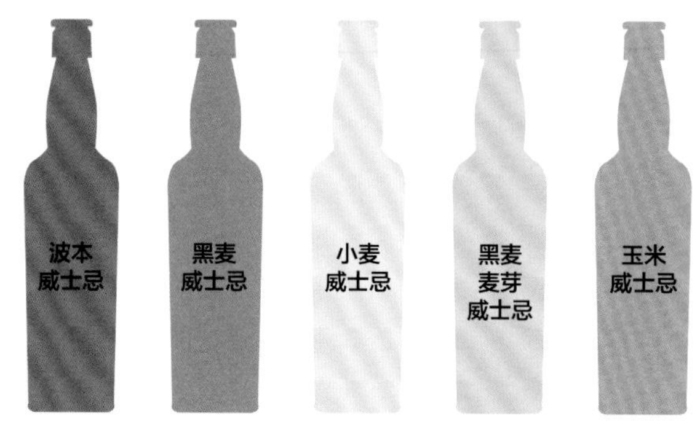

蒸馏。苏格兰的生产商使用相同的连续蒸馏器制造谷物威士忌，但蒸馏出的酒精度最高为94.8%（190° Proof），而不是美国允许的80%ABV（160° Proof）。这看起来似乎是一个不大的差异，但是为提高酒精含量而进行越多的净化和蒸馏，风味损失也就越多。

译者注：Proof是酒精度的表示方法。在美国，1 Proof=2 ABV。

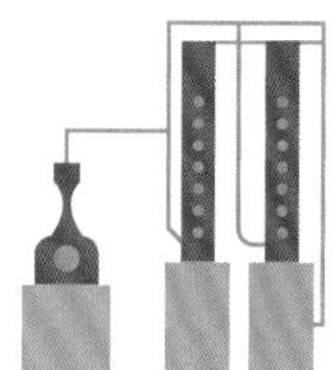

什么是美式威士忌？

美式威士忌不只有一种风格。相反，有几种类别——玉米威士忌、黑麦威士忌和小麦威士忌等，还有它们衍生的子类别。它们是如何制成的？是什么使其与众不同？

简史

苏格兰、爱尔兰和德国的移民从17世纪后期到达美国后，便开始制作威士忌。这些移民把他们在欧洲的蒸馏酒技术，应用到了在新世界他们所发现的熟悉和不太熟悉的谷物中。

最初，他们使用自制的基础蒸馏锅，生产的酒大部分只供自己饮用。这些蒸馏锅通常是便携式的，并伴随着主人穿越美洲寻找可以扎根的地方。这种蒸馏锅一直使用到19世纪中期，直到引入爱尔兰人埃尼亚斯·科菲的“连续”蒸馏工艺，美国威士忌的大规模商业化生产才开始。

美式威士忌类别

美国法律认可的五种主要的美式威士忌是：

- 波本威士忌
- 黑麦威士忌
- 小麦威士忌
- 黑麦麦芽威士忌
- 玉米威士忌

这五种威士忌都有一个基本的要求，即“纯威士忌”（straight）的主要谷物原料要求在51%以上，蒸馏后的酒在橡木桶中熟成时间至少两年。在标签中使用“纯威士忌”一词可能表示某些威士忌只有两年熟成，因此为了避免误解，大多数“高级”（premium）威士忌都不使用该词。还有一些酒类商店销售一些廉价低端的产品，例如“清淡威士忌”（light whiskey）和“调和威士忌”（blended whisky）。

有一种鲜为人知的类型是“保税瓶装”（Bottled-in-bond）类

谷物。玉米、小麦和黑麦是美式威士忌最常用的谷物。随着美国大众对威士忌的麦芽口味要求提高，大麦的使用量也在增长。

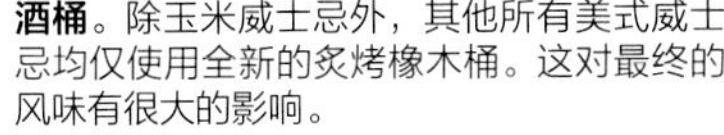

酒桶。除玉米威士忌外，其他所有美式威士忌均仅使用全新的炙烤橡木桶。这对最终的风味有很大的影响。

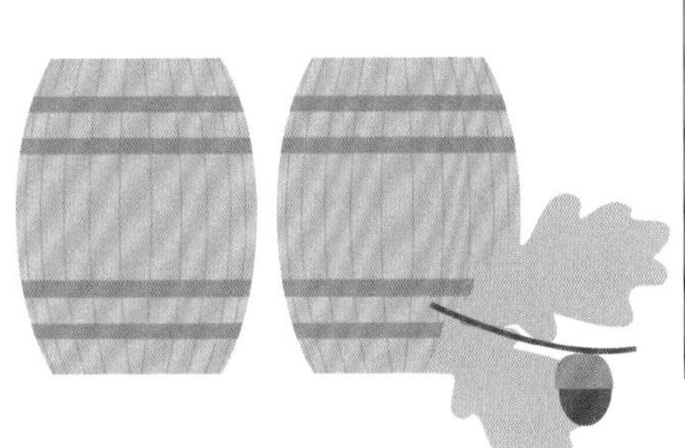

气候。美国较炎热、干燥的气候加速了橡木桶中烈酒的熟成。

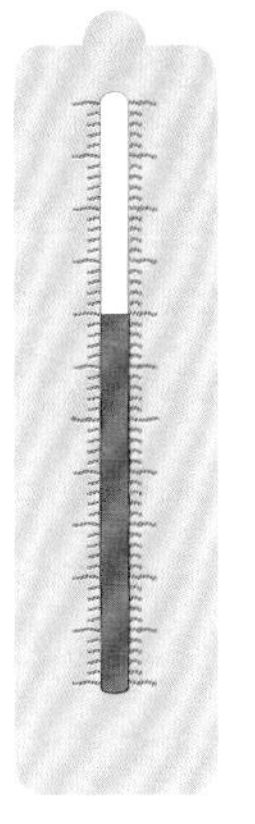

别。它是由美国政府于1897年引入的，用于鉴定未经任何掺杂的威士忌：在19世纪后期，一些美国酒厂向其威士忌中添加了廉价的粮食酒、碘酒甚至烟草等成分。

保税瓶装威士忌必须在单一酿酒厂中制造，并在政府控制的（或“保税”）仓库中熟成至少四年。威士忌生产商以这种方式向购买者证明他们的产品是纯正的。

保税瓶装威士忌强调原产地，从某种程度上导致了后来的精酿威士忌卷土重来。除此之外，随着非“传统”威士忌风格的发展，美国国内酿酒厂越来越多地生产单一麦芽威士忌，“究竟什么是美式威士忌”的问题答案也变得越来越开放。

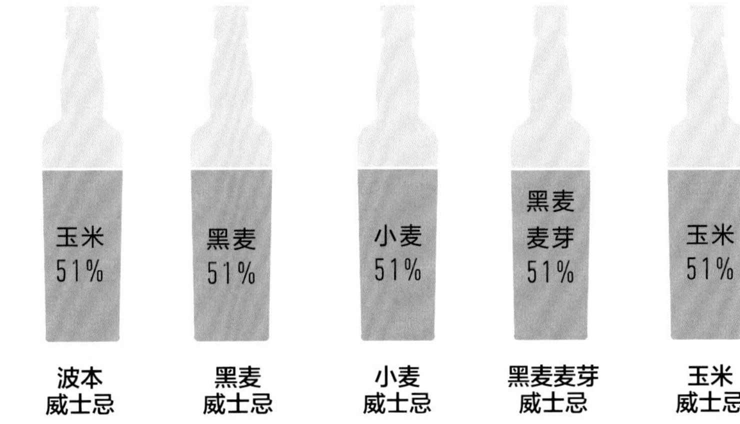

▲ 51%规定
每一种美式威士忌的“命名”谷物必须占其原料的一半以上。
波本威士忌和玉米威士忌的主要区别（两者都是51%玉米）在于它们的熟成方式。

为什么称作“WHISKEY”？

没人知道到底为什么爱尔兰和美国工业界拼写威士忌更喜欢多个字母“e”。容易被接受的神秘解释是，爱尔兰人试图与当时“劣质”的苏格兰谷物威士忌保持距离，从而改变了拼写，美国随后继承或遵循了这种拼写。但是，这纯粹是猜测。或者另有他因?

生产量

每年美国生产约3700万箱，即4.44亿瓶威士忌。虽然比苏格兰的每年12亿瓶少，但随着美式威士忌越来越受欢迎，其销量正在不断增长。

除了玉米威士忌，所有美式威士忌都使用全新的炙烤橡木桶。

什么是玉米威士忌?

2000年以来，绝大多数美式威士忌都是玉米威士忌。其主要原因是口味轻柔的美国精酿威士忌市场的蓬勃发展。

玉米威士忌是什么?

玉米威士忌必须由至少含有80%玉米的原料生产。其余可以是任何其他谷物，例如小麦或黑麦。传统上，它含有约10%的发芽大麦，以便将这些酶用于发酵。玉米威士忌没有熟成年份的限制，但如果要使用橡木桶，则必须放在新的未炙烤的橡木桶或已经使用过的炙烤的橡木桶中熟成。将玉米威士忌放入崭新的炙烤橡木酒桶中熟成，就成为波本威士忌。

威士忌先驱

玉米威士忌是现代美式威士忌的前身。从18世纪后期开始，美国各地的苏格兰和爱尔兰移民使用便携式铜制蒸馏器来制造烈酒，并将不列颠群岛的威士忌制作技术应用于玉米而不是大麦。

首款威士忌“私酒”，相当于现在的未熟成的玉米威士忌，很可能添加了水果和香料，以使其更易饮用。

玉米威士忌是否等同于波本威士忌？玉米威士忌和波本威士忌有着密切的关系。它们都是以玉米为主要原料，并且用相同的方式蒸馏，真正的区别在于熟成。根据美国法律，所谓的波本威士忌必须在新的橡木桶中储存和熟成。但玉米威士忌没有这个存储时间限制。小型精酿威士忌生产商喜欢这个规则，因为这意味着他们的玉米威士忌一经蒸馏就可以出酒了，可以迅速将其投放市场。

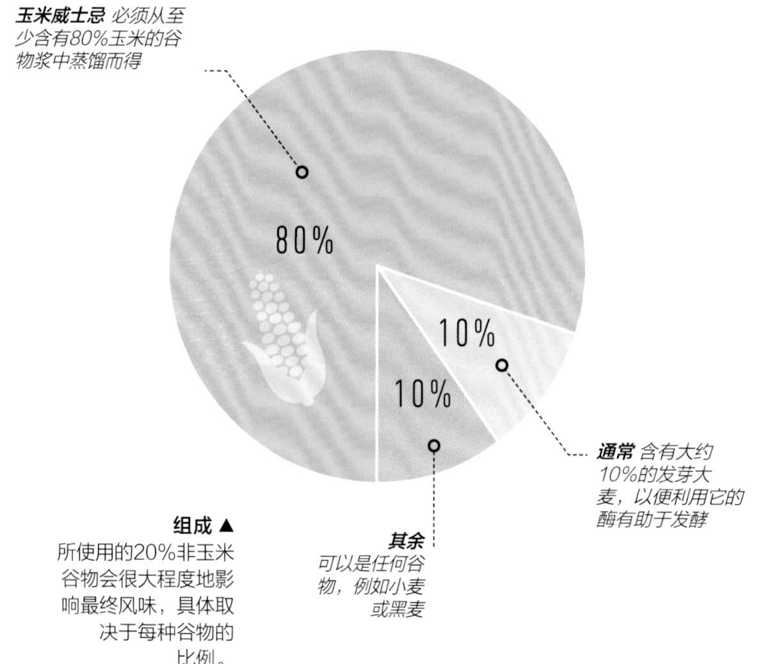

组成▲
所使用的20%非玉米谷物会很大程度地影响最终风味，具体取决于每种谷物的比例。

口感如何?

由于玉米威士忌熟成度的灵活性，以及非玉米谷物的混合，很难确定一套口味标准。如果没有在橡木桶中熟成，它会具有新鲜的、甜的和奶油的口味；在橡木桶中放置几年后，它就变得更加丰富和辛香，但仍然是甜美的。

▲ **波本威士忌酒桶** 必须是新的并且炙烤的。玉米威士忌橡木桶必须是使用过的或没有炙烤的。

玉米品种

玉米威士忌不是用我们在超市里常见的黄色甜玉米制成的，它太湿，且淀粉含量不够高。大多数玉米威士忌是由白玉米制成的，尽管有些精酿酿酒厂也尝试过其他品种，例如蓝色和红色玉米。这些不会影响威士忌的颜色，但确实会产生微妙的不同风味。

这和不同葡萄品种酿造不同风格的葡萄酒道理一样。

玉米威士忌和波本威士忌有着密切的关系。它们都以玉米为主要原料，并且用相同的方式蒸馏。

玉米的颜色

最初被称为“私酒”的玉米威士忌因其颜色浅而通常被称为“白威士忌”。

任何烈酒，包括威士忌，在它离开蒸馏器的时候都是完全透明而且是无色的。从理论上讲，玉米威士忌可以从蒸馏器直接装瓶。玉米威士忌所具有的任何颜色都取决于它在新橡木桶中所存储的时间。一般而言，玉米威士忌颜色越黑，就说明其在橡木桶中熟成所存储的时间就越长。

波本威士忌是在美国生产的，使用玉米和其他谷物（通常是黑麦，有时是小麦）为原料。

51%

谷物原料配方 至少含有51%的玉米。

可以用壶式蒸馏器，或连续蒸馏器，或两者的组合蒸馏。波本威士忌通常是连续蒸馏的。但是，许多酿酒厂都使用一个简单的壶式蒸馏器（或双锅蒸馏器）来完成蒸馏。

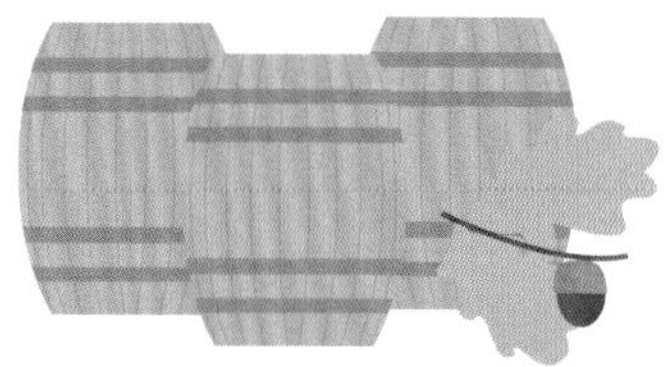

必须在全新的炙烤的橡木桶内进行熟成。

什么是波本威士忌？

对于许多人来说，美式威士忌就等同于波本威士忌。但是，波本威士忌是什么？它是怎么制造的？在哪制造的？它与其他美式风格有何不同？

◀ **波本威士忌有多种口味。**美格（Maker's Mark）是美国最畅销的威士忌之一，是口感最甜的威士忌。

波本威士忌的历史

法国王室的一个分支——波本贵族，在美国南部曾经殖民过的地方留下了他们的印迹，再看看当地的一些地名，如新奥尔良的波本街或肯塔基的波本郡。这种现代威士忌最早是于19世纪后期在这里生产的，那么就有可能取当地的地名来命名（没人能够确定），以区分美国其他地区生产的黑麦威士忌。

同样神秘的是，是谁想到了将威士忌储存在全新的炙烤的橡木桶里熟成？很有可能是该地区的法国人后裔。

因为他们知道可以在炙烤的橡

80%

蒸馏酒精度不能超过
80%ABV（160° Proof）。

40%

瓶装的酒精度不能小于
40%ABV（80° Proof）。

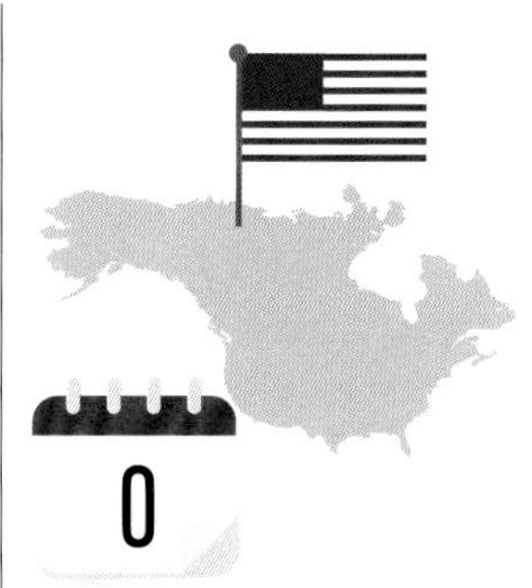

0

在北美销售，**没有最低熟成时间的限制。**

3+

在北美以外的地方销售，
至少要熟成3年。

木桶中熟成干邑白兰地，所以就将这种技术应用于波本威士忌。威士忌口味众多，但使用全新的、重度炙烤的橡木桶往往会使波本威士忌非常甜美，浓郁，辛香和带有馥郁的香草风味。

田纳西威士忌

和肯塔基州比邻的田纳西州生产的威士忌，许多人错误地认为它是波本威士忌。田纳西威士忌，包括世界上最畅销的美国威士忌——杰克·丹尼（Jack Daniel's），是经过枫木炭颗粒过滤，不用熟成，据称比波本威士忌更柔和“纯净”。这就是“林肯过滤工艺”。自2013年，它已通过美国立法，以区别于波本威士忌的生产工艺。不使用这一工艺的田纳西的酿酒厂，仍可以将其威士忌称为“波本威士忌”。

新老玩家

肯塔基州是波木威士忌的“故乡”，仅占边和天堂山（Heaven Hill）威士忌就能占美国威士忌总产量的一半。但是，随着精酿威士忌的兴起，美国各地的酿造商现在也开始生产波本威士忌。现在，许多“最好的”波本威士忌名录上经常出现来自美国南部到纽约（New York）、芝加哥（Chicago）以及犹他州（Utah）、密歇根州（Michigan）和俄亥俄州（Ohio）等地的产品。波本威士忌不再纯粹来自肯塔基州，甚至不再是“南方”烈酒，它现在代表着美国威士忌。

肯塔基州是波本的“故乡”，
仅占边和天堂山威士忌就能占
美国威士忌总产量的一半。

波本威士忌数据

1964年，美国国会宣布波本威士忌是美国唯一的国产“本土”烈酒。

波本威士忌的生产商和美国经济都从这一地位中受益。2009年—2018年期间，肯塔基州的酿酒厂从8家增加到68家。

近2万人受雇于肯塔基州的酿酒行业，占美国所有酿酒工作岗位的1/3。

世界上95%的波本威士忌来自肯塔基州。2018年，肯塔基州共生产了170万桶波本威士忌，这是近50年来的最高数字。

2017年，美国威士忌的销售额增长了8.1%，达到34亿美元。

趣闻轶事

橡木桶

橡木桶对于生产威士忌至关重要。如果没有它赋予的丰富香气与色泽，威士忌世界将大为不同。那么，它们是用什么制成的，又是何原因使它对于威士忌这么重要呢？

▲ 美国白橡。
这是美国的奥扎克山区（Ozark）一棵被砍倒的成年橡树。这种橡树遍布密苏里州（Missouri）、阿肯色州（Arkansas）和俄克拉何马州（Oklahoma）。

美国新橡木桶

新橡木桶也称为处女橡木桶，在美国主要是在生产波本、黑麦和小麦威士忌中使用。根据法律规定，所有这三种威士忌都只能使用美国白橡木（Quercus alba）制成的新炙烤的酒桶来储存。新橡木桶炙烤后，含有香兰素和木质素，再加上肯塔基州夏天炎热干燥的气候，使波本威士忌具有甜、辛香和浓烈的风味。相反，苏格兰威士忌酿造商很少使用新橡木桶，因为新橡木桶会散发出浓烈的风味。

二手波本橡木桶

对于苏格兰 / 苏格兰风格和爱尔兰的威士忌酿酒厂来说，老波本酒桶的市场需求很强劲。这些酒桶尽管已经被美国威士忌生产商提取了更浓烈的风味，但仍留存许多微妙的风味物质。当老波本酒桶到达苏格兰时，它含有“首次装桶”的风味物质。当威士忌熟成并装瓶后，酒桶就含有“二次装填”的风味物质，以此类推，直到酒桶中风味物质被用尽。使用过的橡木桶也可以每隔一段时间通过重新炙烤来恢复活力。

欧洲橡木桶和红酒橡木桶

用雪莉酒桶熟成的苏格兰威士忌的浓郁香味与用老波本威士忌桶熟成的威士忌会完全不同。雪莉酒桶主要由欧洲栎木制成，现在越来越多的是采用美国橡木制成。雪莉酒桶采用烘烤而不是炙烤，这是一个温和的过程，可以使雪莉酒在熟成过程中渗透到木材中，这些残留物会影响在雪莉酒桶中熟成的威士忌的风味，相同的原理也适用于波特酒桶、马德拉酒桶和葡萄酒桶。由于雪莉酒桶价格昂贵，一些威士忌通常会先在波本威士忌酒桶中熟成长达10年，最后在雪莉酒桶中熟成6~24个月。这有助于延长雪莉酒桶的使用寿命，同时仍使威士忌充满风味。这称为“雪莉桶最终熟成”或“双桶熟成”。

日本橡木

日本橡本也称为蒙古栎或水楢木，日本橡木树因其具有甜味和芳香特性而备受追捧。由于它的纹理深且多孔，其水密性较差，所以日本的酿酒厂主要用它来完成某些威士忌的后期熟成，就像苏格兰同时使用波本桶和雪莉酒桶一样。

橡木桶形状和规格尺寸

你可能听说过猪头桶、雪莉大桶和波特直桶，但也许不知道它们的大小。

实际上有八种“标准”桶规格，最常用的有四种。

200 升（44 加仑）
ASB－美国标准桶
美国及世界各地

250 升（55 加仑）
波本猪头桶
苏格兰，爱尔兰，其他地区

500 升（110 加仑）
雪莉大桶
苏格兰，爱尔兰，其他地区

600 升（132 加仑）
波特直桶
苏格兰，爱尔兰，其他地区

◀ **波本橡木桶**正在接受检查。当它完成了波本威士忌的熟成使命后，下一个目的地很有可能就是苏格兰，并在那里被用来熟成单一麦芽或谷物威士忌。

品鉴 08/20 波本威士忌

这是对四款完全不同类型的波本威士忌的品鉴，以帮助我们了解这些主要且畅销的美式威士忌风格及其口味。

方法说明

由于波本威士忌的酿造和熟成方式原因，与苏格兰单一麦芽威士忌相比，波本威士忌的“区域性”变化较少。但是，也存在一些差异。这里的示例从左到右分别是：一款“小麦”波本威士忌，两款以玉米为主的波本威士忌和一款浓重的黑麦波本威士忌。品尝后加一点冰饮用，是波本威士忌适合的饮用方法。

品鉴训练

这几款威士忌都非常浓烈，因此要找出其差别绝非易事。如果你觉得两者之间几乎没有任何差异也不必担心。波本威士忌在本质上是相似的，但彼此之间绝不相同。你需要的是如何找到这些细微差别，所以不要很快吞咽。

波本威士忌在本质上是相似的，但彼此之间绝不相同。

（Larcony Straight Bourbon）
盗贼纯波本

肯塔基州，巴兹敦

46%ABV

如果你找不到这款酒，可以用美格（Maker's Mark）威士忌

酒体
3

68%玉米，20%小麦，12%大麦麦芽。

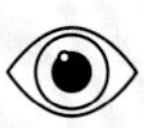

淡琥珀色

轻柔茴香；甜，内敛的香草和香料香气，轻微的鲜嫩树叶香气

甘中有苦，樱桃利口酒；干草味；轻微的，完美融合的香料味

非常干，但刺鼻，清爽，中长回味

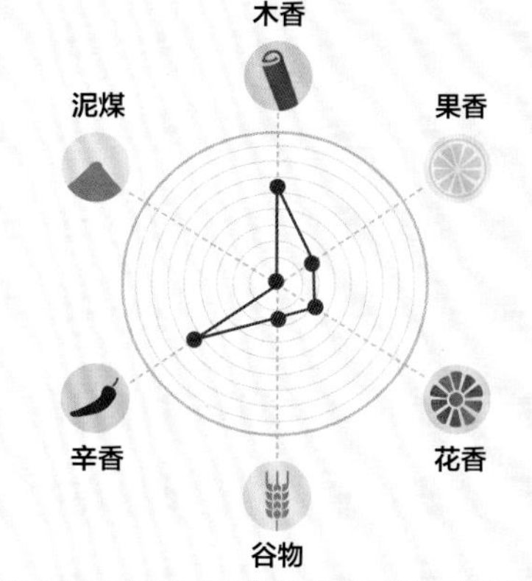

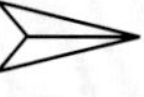

喜欢这款酒吗？试一下老菲茨杰拉德（Old Fitzgerald）1849威士忌

（George Dickel No.12 Tennessee Whiskey）乔治·迪科尔12号田纳西威士忌

田纳西州，塔拉霍马

45%ABV

如果你找不到这款酒，可以用杰克·丹尼的绅士杰克威士忌

酒体 3

75%玉米，13%黑麦，2%大麦麦芽。

锈褐色

烤棉花糖；酸樱桃；有一点点擦皮鞋的味道

浓郁，酸樱桃，带有一丝苦味，黑巧克力和白胡椒

短，甜，辣椒味收尾

木香
泥煤
果香
辛香
花香
谷物

喜欢这款酒吗？试一下杰克·丹尼单桶威士忌

（Michter's US*1 Bourbon）麦特US*1波本

肯塔基州，路易维尔

50%ABV

如果你找不到这款酒，可以用伊万·威廉（Evan Williams）单桶威士忌

酒体 4

79%玉米，11%黑麦，10%大麦麦芽。

琥珀色

轻微的指甲油味道；巧克力和焦糖，柔和的香料味道

雪茄烟；泡酒樱桃和西洋李子；带奶油的浓缩咖啡

回味长，辛香收尾；油润，口感充满芳香

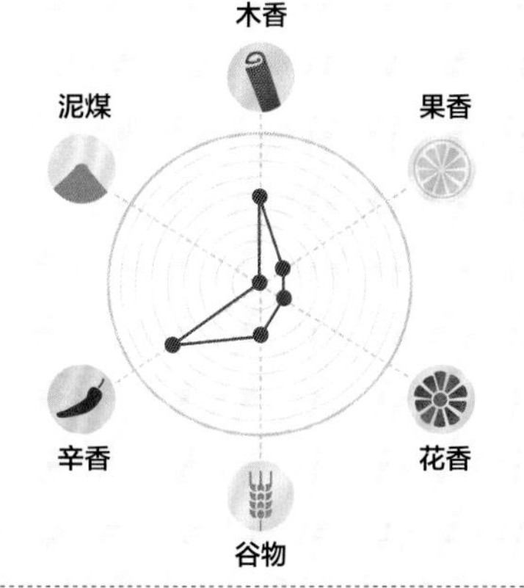

喜欢这款酒吗？试一下以利亚·克雷格小批量（Elijah Craig Small Batch）威士忌

（Four Roses SB Bourbon）四玫瑰小批量波本

肯塔基州，劳伦斯堡

50%ABV

如果你找不到这款酒，可以用布雷（Bulleit）波本威士忌

酒体 4

60%玉米，35%黑麦，5%大麦麦芽。

金琥珀色

深色糖浆，餐后薄荷糖；胡椒类香料；花香；奶油味可可

辛香，浸渍的深色水果，然后是薄荷巧克力和干的黑胡椒

收尾长而且干；浓郁悠长的香料味

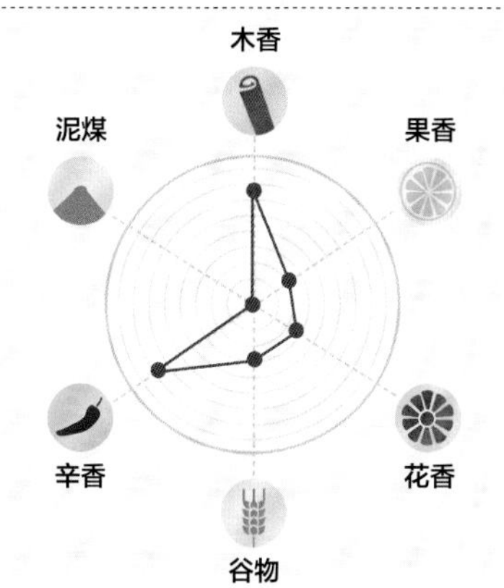

喜欢这款酒吗？试一下伍德福德珍藏（Woodford Reserve）威士忌

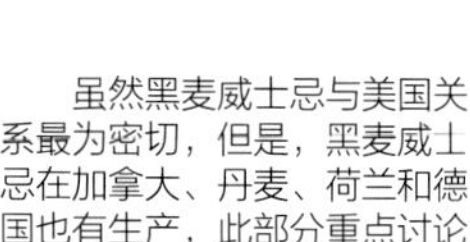
虽然黑麦威士忌与美国关系最为密切，但是，黑麦威士忌在加拿大、丹麦、荷兰和德国也有生产，此部分重点讨论美国黑麦威士忌。

黑麦威士忌是由黑麦和其他谷物（通常是玉米和大麦芽）制成的。谷物配方必须包含至少51%的黑麦。

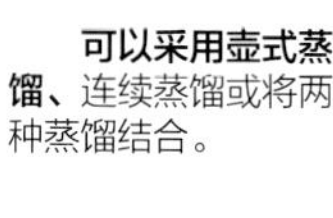
可以采用壶式蒸馏、连续蒸馏或将两种蒸馏结合。

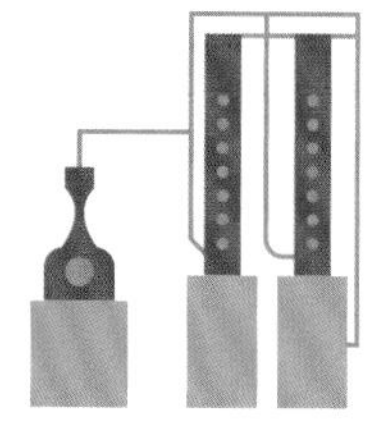

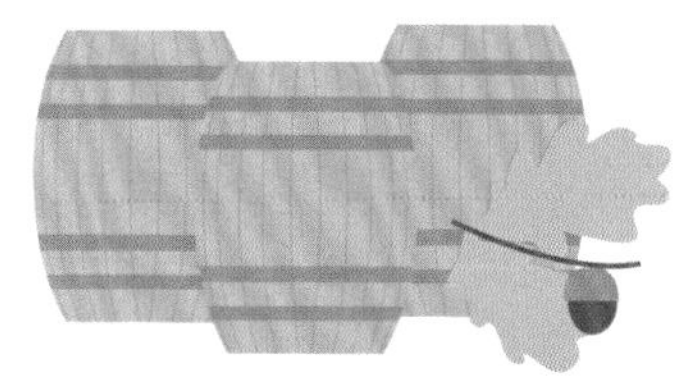

必须在全新的炙烤橡木桶中熟成。

什么是黑麦威士忌？

直到近些年，人们才认为黑麦威士忌与波本威士忌或其他美式威士忌没什么关系。尽管它现在已经不复存在，但是现代黑麦威士忌制造商正在为它的复出而不懈努力。

黑麦威士忌简史

玉米威士忌和波本威士忌是在肯塔基州及其周边地区发展壮大的，而传统的黑麦威士忌则是在宾夕法尼亚州和马里兰州生产的。在美国东北偏冷的地区，黑麦的生长要好于玉米，而且该地区来自苏格兰、爱尔兰和德国的移民者也更习惯于使用这种“欧洲”农作物。来自宾夕法尼亚州，以同名河命名的莫农加黑拉（Monongahela rye）黑麦威士忌，通常使用黑麦比例较大的谷物配方；而马里兰州的黑麦威士忌配方中则含有更多的玉米，因此口味更淡、更甜。

如今，波本威士忌已被视为美式威士忌的代表，而黑麦威士忌则是美国人民喜爱的原始风味。乔治·华盛顿（George Washington）总统曾于1797年在他位于弗吉尼亚州弗农山的家中酿造黑麦威士忌。时至今日，这个地区仍然酿造黑麦威士忌。

黑麦威士忌的没落

1791年，当地对酒征收消费税，最终迫使许多美国东北黑麦威士忌的酿造商将生产地点转移到肯塔基州。

18世纪时，美国的玉米种植者从农作物补贴中受益，而黑麦种植者则没有。随着1920年禁酒令的推出，黑麦威士忌的生产受到进一步打击。一些不守法的美国饮酒者可以买到口味更淡的苏格兰威士忌、加拿大威士忌和混合的美国威士忌。所以当1933年废除禁酒令时，黑麦威士忌已开始走向衰落。

▲ **乔治·华盛顿**从美国总统退休的同一年，开始从事黑麦威士忌的商业化生产。

80%

蒸馏酒精度不能超过80% ABV（160° proof）。

40%

瓶装的酒精度不能低于40% ABV（80° proof）。

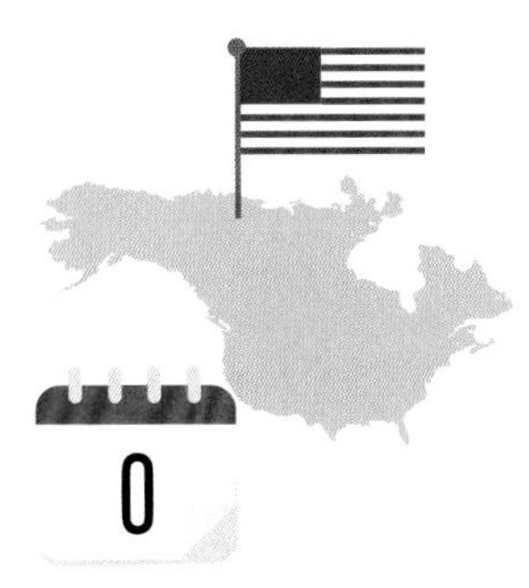

0

在美国和加拿大销售，**没有最低熟成时间的限制。**

3+

在北美以外的地方销售，至少要熟成3年。

波本威士忌如今已被视为美式威士忌的代表，而黑麦威士忌则是美国人民喜爱的原始风味。

黑麦威士忌的崛起

如今，不仅在美国，全球消费者再次对黑麦威士忌产生兴趣。由精酿威士忌制造商带头，肯塔基州的大型酿酒厂也纷纷追随。

尽管黑麦威士忌过去曾经威胁过波本威士忌或田纳西州威士忌的销售，该情况是否会重现还不确定，但很高兴看到这种历史悠久的美国独特风格威士忌的复出，将以其特有的标志性的胡椒风味和泥土芳香再次刺激人们的味蕾。

▼ **萨泽拉克（Sazerac）鸡尾酒** 创作于18世纪后期的新奥尔良（New Orleans）。它是由黑麦威士忌、苦精、柠檬皮、糖和苦艾酒调制而成。

品鉴 09/20

黑麦威士忌

黑麦威士忌在美国广为人知，在其他地区也日益流行。一起通过品尝来发现这种威士忌辛香而有趣的风格吧！

方法说明

黑麦威士忌产量日益增长，如果你还没有品尝过它，那么现在是个好时机，因为它比以往任何时期都更容易在美国以外的地区购买到。如果你想要在闻香和品尝酒样后加冰饮用，请随意。因为这就是它的饮用方法。

品鉴训练

这几款威士忌之间的差异可能很难发现或难以理解。不用担心，因为即使对于最有经验的品尝者来说，这也是一个挑战。你应该认识到，黑麦威士忌是一个独特的类别，有着相同的辛香和胡椒味。但是要辨别出这些主要风味背后的差异则需要时间。

黑麦威士忌是一个独特的类别，有着相同的辛香和胡椒味。

（Wild Turkey Rye Whiskey）野火鸡黑麦威士忌

肯塔基州，劳伦斯堡

40.5%ABV

如果你找不到这款酒，可以用派克斯维尔（Pikesville）黑麦威士忌

酒体 3

51%黑麦，37%玉米，2%大麦麦芽。

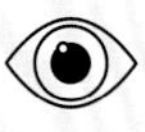

淡琥珀色

奶油、香草和柠檬味，带有以胡椒气味为基础的黑麦的香味

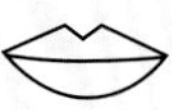

微妙的，比较干的，胡椒的气味。甜水果和轻柔香草味

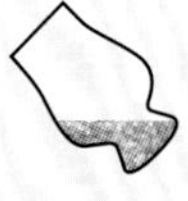

中到长的收尾，带有甜香草的味道，持久

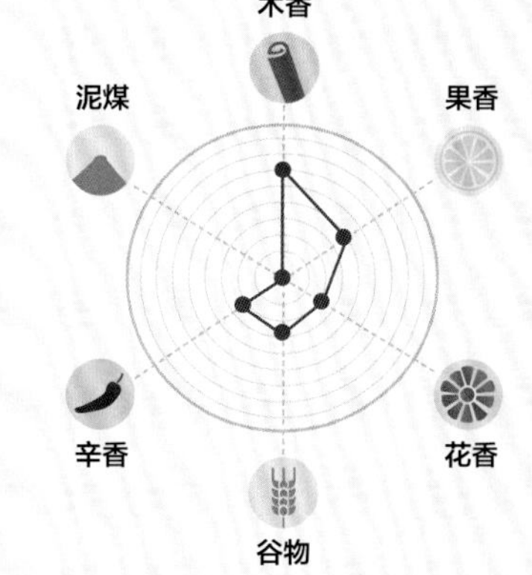

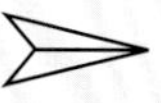

喜欢这款酒吗？试下无与伦比（Peerless）黑麦威士忌

（Rittenhouse Bottled in Bond Straight Rye）瑞顿房保税黑麦纯威士忌

肯塔基州，巴兹敦

50%ABV

如果你找不到这款酒，可以用卡特丁溪·朗德斯东（Catoctin Creek Roundstone）黑麦92威士忌

酒体 4

51%黑麦，35%玉米，4%大麦麦芽。

淡琥珀色

甜，酒泡西洋李子味。薄荷和柠檬，混有轻微香草味

轻柔果仁味，然后是提拉米苏甜点、辣椒味、黑巧克力、椰子、白胡椒味

绵长而清新的收尾，软绵口感

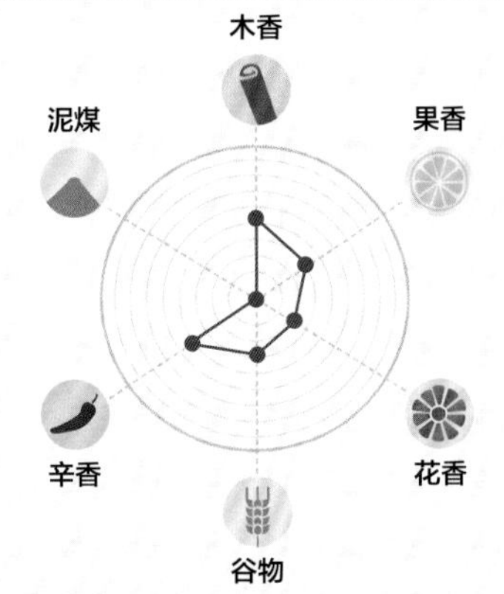

喜欢这款酒吗？试下杰克·丹尼黑麦威士忌

（FEW Spirits Rye Whiskey）FEW黑麦威士忌

伊利诺伊州，埃文斯顿

46.5%ABV

如果你找不到这款酒，可以用罗素珍藏（Russell's Reserve）6年威士忌

酒体 4

70%黑麦，20%玉米，10%大麦麦芽。

琥珀色

复合坚果香气。杏仁蛋白软糖味，轻柠檬和甜味平衡

柠檬酱，清新薄荷或者桉树，小豆蔻，熏烤杏仁，胡椒味

绵长而复杂的收尾。平衡的甜味且干

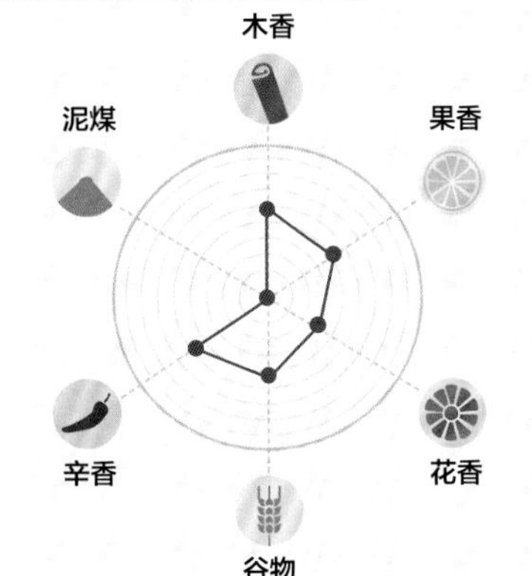

喜欢这款酒吗？试下纽约拉格泰姆（New York Ragtime）黑麦威士忌

（Reservoir Rye Whiskey）水库黑麦威士忌

弗吉尼亚州，里士满

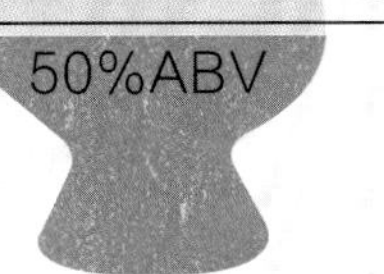

50%ABV

如果你找不到这款酒，可以用索诺玛蒸馏公司（Sonoma Distilling Co.）黑麦威士忌

酒体 5

100%黑麦。

黄褐色

浓郁香味香料。桂皮，八角，强烈的草莓味

口感饱满。香甜热果酱面包圈，带有胡椒味平衡

绵长收尾，带有水果的酸度和轻微的胡椒润滑感

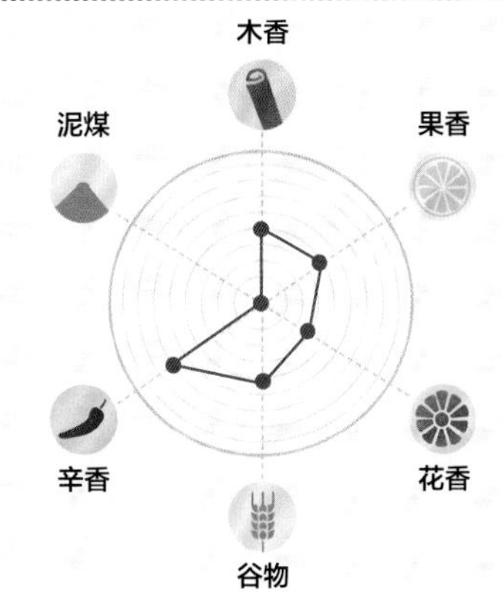

喜欢这款酒吗？试下科瓦尔（Koval）黑麦威士忌

◀ **安达略迪龙**（Dillon's of Ontario）的“三橡木”黑麦威士忌，需要在三种不同橡木桶中熟成至少三年时间。

加拿大和欧洲的黑麦威士忌

黑麦威士忌是一种美式威士忌，对吗？是的，但是美国没有黑麦威士忌的垄断权。黑麦威士忌对加拿大和欧洲的生产商也很重要，并且有越来越流行的趋势。

加拿大黑麦威士忌

加拿大的烈酒生产始于18世纪后期，来自欧洲的移民开始蒸馏朗姆酒。随着移民向西迁徙，重点又转移到了威士忌。后来导致用进口加勒比糖蜜制造朗姆酒走向困境。

小麦由于其淡而甜美的特性，原先是首选的威士忌谷物原料，但受追求多变的饮酒者的要求，更辛香的黑麦逐渐被引入配方中。就加拿大威士忌而言，它一开始被称为“黑麦威士忌”，但在技术上，加拿大黑麦威士忌和加拿大威士忌是同一种产品。

官方定义，加拿大黑麦威士忌是一种由谷物经蒸馏工艺生产出来的产品，而且必须在“小橡木桶”中熟成至少三年。有趣的是，它的谷物配方不一定是由黑麦为主（与美国黑麦威士忌不同），因此加拿大威士忌的黑麦含量通常相差很大。

加拿大威士忌成为美国威士忌饮用者的宠儿，在美国的销量已超过了美国本土威士忌。

自家种植?

没有比野火鸡黑麦威士忌更有美国风味了。

打开瓶塞，你便被送往美国南部深处。然而，当你得知野火鸡威士忌以及其他美国威士忌酿酒商是从德国购买黑麦的，可能会感到惊讶。这也许是为什么一些德国威士忌制造商，尤其是精酿威士忌热潮之后，开始用他们自家种植的黑麦来生产黑麦威士忌的原因。

来到美国

加拿大威士忌成为美国威士忌饮用者的宠儿。在禁酒之前、期间和之后，其在美国本土的销量都超过了美国本土威士忌。这主要是由于其口感轻柔、不强烈的特性。例如，特别适合在禁酒令后发展起来的鸡尾酒中使用。

欧洲黑麦威士忌

世界上首次生产的黑麦威士忌很可能起源于欧洲。黑麦是欧洲土生土长的作物，在来到美国或加拿大之前，很早就在欧洲用来生产威士忌。黑麦也是一种适应性强的农作物，与大多数其他农作物相比，能够更好地抵御恶劣的气候和病虫害。

但是，黑麦威士忌没有广泛流行，始终在苏格兰和爱尔兰麦芽威士忌大潮的夹缝中生存。

小心处理

众所周知，黑麦汁很难处理，如果处理不当，会变得很黏，使其无法蒸馏。用葡萄酒的术语来说，它是威士忌界的黑比诺，在工艺操作上会出现很多困难。

尽管面临这些挑战，但北美以外的黑麦威士忌风潮仍在复苏。欧洲酿酒商，甚至少数苏格兰酿酒商认为值得冒险尝试。例如奥地利J.H.酿酒厂已经有20多年生产黑麦威士忌的历史了，还有德国的普雷伍德（Spreewood），也开始生产。英国制造商，如牛津精酿酿酒厂（TOAD）和诺福克（Norfolk）的英格兰威士忌公司也正处于对黑麦的试验阶段。随着威士忌口味的不断多样化和发展，黑麦风格的威士忌已成为这一变化的主要受益者之一。

◀**圣·乔治（St George）酿酒厂，**坐落在英国诺福克劳德汉（Roudham），曾在2017年推出了限量版的单一麦芽“n”黑麦威士忌。

小麦是苏格兰谷物威士忌使用的主要谷物，但这里我们关注的是美国的小麦威士忌。

小麦威士忌是用小麦和其他谷物（通常是玉米和大麦芽）制成的。其谷物配方必须包含至少51%的小麦。

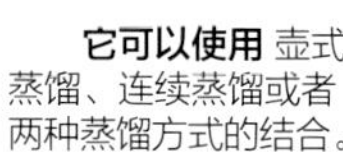

它可以使用壶式蒸馏、连续蒸馏或者两种蒸馏方式的结合。

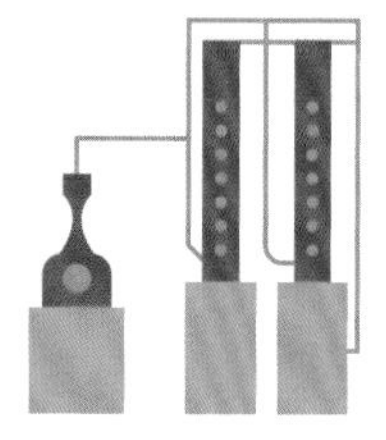

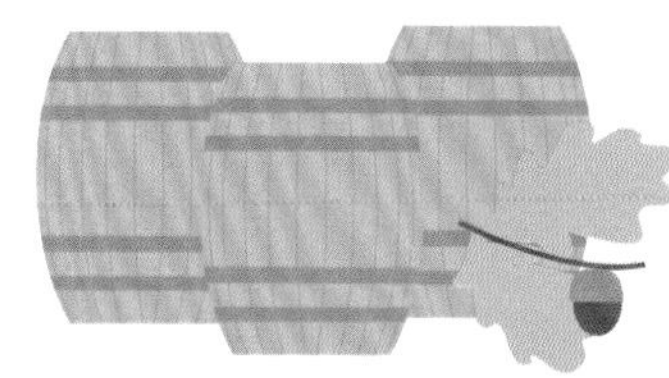

必须在全新的炙烤橡木酒桶中熟成。

什么是小麦威士忌？

与波本威士忌或黑麦威士忌不同，小麦威士忌是一个相对较新的概念，大概与美国不断发展的蒸馏技术有关。随着威士忌制造商逐渐掌握它的特点，生产出的产品也越来越受欢迎。

◀ **小麦产量** 每英亩（4047m^2）约为1吨，每吨最多可产生400升酒，相当于533瓶0.75升的威士忌。

小麦威士忌简史

以小麦为主要原料的谷物配方生产威士忌的历史较短，但是在美国，多年来一直使用小麦来制造威士忌，特别是波本威士忌。

小麦不如玉米或黑麦使用广泛的主要原因是价格昂贵。小麦在面粉和面包生产方面的需求量也很大，现在仍然如此。应该说明的是，威士忌原本是一种农副产品，由剩余的谷物制成。对于农民来说，“浪费”小麦等有价值的农作物来制作威士忌几乎没有道理。

小麦威士忌的发展

多年来，小麦一直是许多知名品牌威士忌重要的谷物配方之一，

80%

蒸馏酒精度不能超过80% ABV（160° Proof）。

40%

瓶装酒精度不能小于40% ABV（80° Proof）。

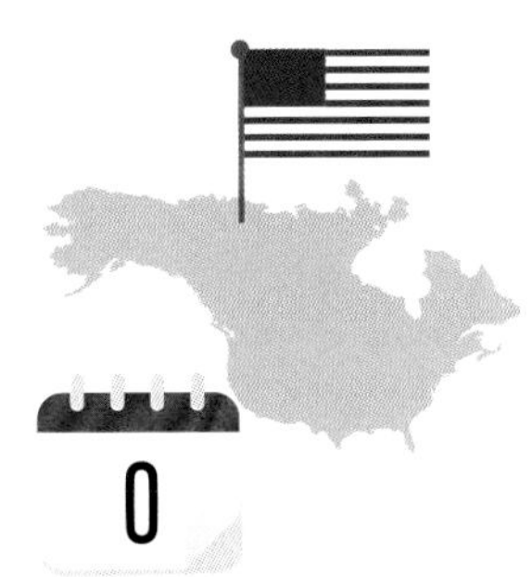

0

在美国和加拿大销售，**没有最低熟成时间的限制。**

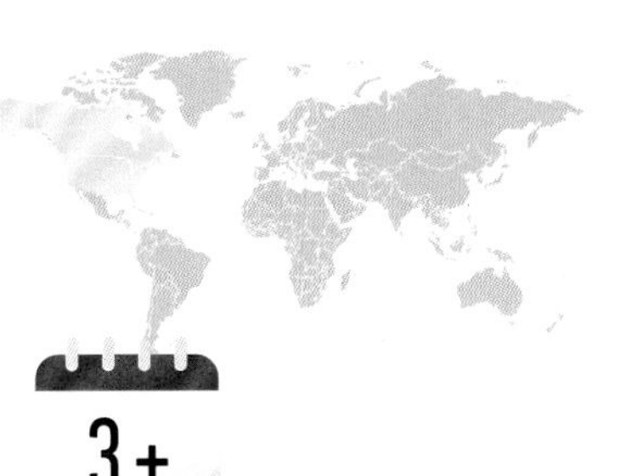

3+

在北美以外的地方销售，至少要熟成3年。

例如美格、天堂山的老菲茨杰拉德（Old Fitzgerald）和水牛足迹（Buffalo Trace）的帕皮·范·温克尔（Pappy Van Winkle）。

许多产品因小麦配方而倍受青睐，这是因为与黑麦相比，小麦威士忌有着更轻柔、不刺激的特性，许多人更喜欢这种口感。

主要的生产商

与波本威士忌和黑麦威士忌相比，小麦威士忌的制造商实际上很少。只有一家在肯塔基州的正规酒厂生产小麦威士忌——天堂山的伯汉（Bernheim）"原味" 威士忌。小麦威士忌的制造商主要是一些微型酿酒厂，这些酒厂更愿意尝试多种谷物，包括小麦。例如华盛顿州的飞蝇钩酒厂（Dry Fly）和加利福尼亚州的索诺玛地区蒸馏厂（Sonoma County Distilling）。

还有一两家在尝试其他更不常见的谷物，例如黑小麦（小麦和黑麦的杂交）。现在小麦威士忌尚未成为主流，但最终可能会实现。

它是什么味道?

例如，小麦威士忌比黑麦威士忌更清淡且甜。这种易饮的风格可能是它自成一派且流行的原因，因为人们正在寻找更具"易饮性"的酒饮。

口味方面，它具有圆润的口感，具有浆果及黄油般的甜味。

▼ **飞蝇钩**坐落在华盛顿的酿酒厂生产各种威士忌。它的原桶浓度纯小麦威士忌是它最畅销的产品。

小麦威士忌的制造商主要是一些愿意尝试的微型精酿酒厂。

趣闻轶事

流行的精酿威士忌

您可能听说过全球流行的“精酿威士忌”。
它到底是什么呢？精酿威士忌究竟有何特点？

▲ **精酿威士忌生意** 现在尽管完全合法，不过精酿威士忌的流行是从美国禁酒令时期的投机者身上汲取了灵感。

这是一个生机勃勃的市场，带有“私酿”威士忌的含义，但精酿威士忌与其他所有威士忌一样合法，并受到同样的蒸馏和成熟法规管制。

什么是精酿威士忌？

目前尚无官方定义，但精酿威士忌通常是指由发烧友管理的酒厂进行小规模生产，它可以突破技术界限或热衷于对老威士忌进行再创造。但是要注意一些打着“精酿威士忌”的旗号来赚快钱的生意。他们从现有的酒厂购买威士忌，用时髦的标签装瓶，然后再卖给毫无分辨力的顾客。

除非有资金支持，精酿威士忌制造商通常会生产杜松子酒（金酒）或伏特加等一些烈酒。这些酒可以快速制造出来并投放市场，从而在威士忌的成熟期产生收入并树立品牌。

美国的精酿酒厂

精酿威士忌刚开始是一种草根运动，是一些制造商做的生产试验。他们制造的烈酒并不一定是为了本州甚至美国的本土消费者。例如，许多制造商专注于制造单一麦芽，甚至波本威士忌也很受欢迎。2010年，美国约有200家精酿酿酒厂；到了2017年，就有1500多家。绝大多数精酿酒厂会通过游客中心销售他们的酒以强调其“真实性”，但是要扩大经营规模则会变得非常困难。

精酿威士忌通常在产地消费。不过，有些公司已经获得了国内或国际声誉，例如得克萨斯州的贝尔康斯（Balcones），伊利诺伊州芝加哥市的科瓦尔（Koval），犹他州的西部高地（High West）和伊利诺伊州的FEW。

世界各地的精酿酿酒厂

精酿威士忌尽管在欧洲很受欢迎，但许多酿酒商并不称自己为“精酿”威士忌制造商，这也许表明他们希望有一天成为主流。德国有许多小型的威士忌精酿厂，包括柏林的普雷伍德（Spreewood）和哈尔茨北部的哈默施密德（Hammerschmiede）在内的200多家酿酒厂。在英国，法夫郡（Fife）的达芙特米尔（Daftmill）和科茨沃尔德的科茨沃尔德（Cotswolds）酿酒厂，是不断发展的“精酿”威士忌酒厂中的两家。

▲ 先锋者精神
普雷伍德是柏林地区最古老的威士忌酒厂，也是德国第一家黑麦威士忌酒厂。

◀ 艺术和劳动
精酿蒸馏涉及威士忌制造者对谷物进行熟练且艺术化的操作。

品鉴 10/20

北美威士忌主要风格

这场品鉴十分有趣。平行品鉴四款美国传统风格的威士忌，亲身体验其不同之处，包括各种口味体验。

方法说明

小麦威士忌、玉米威士忌、波本威士忌、黑麦威士忌都有各自的历史、生产方法和口味特点。有趣的是如何辨别出每一种威士忌不同之处。从左边开始，先闻其香，然后品尝，也可能需要加水或加点冰。

品鉴训练

其中与众不同的应该是玉米威士忌，因为它有自己的一套成熟规则；或者是黑麦威士忌，因为其风味独特。关键是能否辨别出四种风格之间的差异？建议每个类别再品尝另外四款威士忌，可能会发现另外四种差异，从而使你深入了解每种风格中的风味特征。

鉴别每款威士忌与其他威士忌的区别。

伯汉小麦威士忌（Bernheim Wheat Whiskey）

肯塔基州，巴兹敦

46.5%ABV

如果你找不到这款酒，可以用飞蝇钩华盛顿小麦（Washington Wheat）威士忌

酒体 2

51%小麦，37%玉米，12%大麦麦芽。

金黄色

新鲜的甜面包圈，轻微的姜香蛋糕味

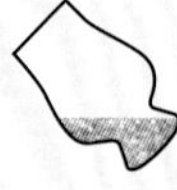

硬咖啡，红莓；轻微的咸味，像没有烟熏过的培根

短，干和辛香的后味

风味图

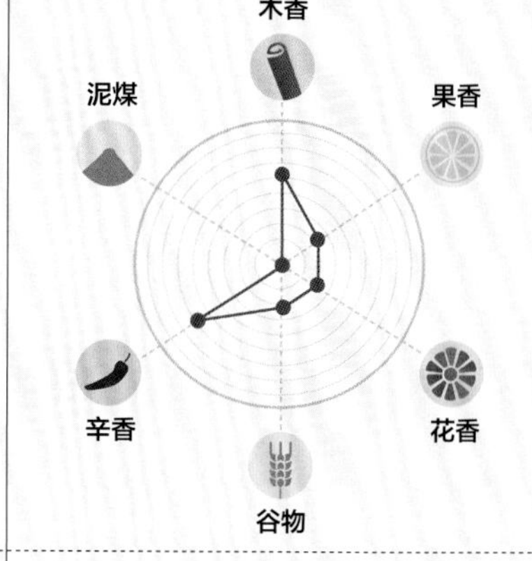

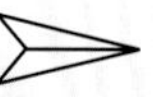

喜欢这款酒吗？试一下水库小麦（Reservoir Wheat）威士忌

（Mellow Corn Corn Whiskey）麦洛考恩玉米威士忌

肯塔基州，巴兹敦

50%ABV

如果你找不到这款酒，可以用贝尔康斯蓝宝贝（Balcones Baby Blue）威士忌

酒体	
3	80%玉米，8%黑麦，2%大麦麦芽。

金稻色

轻盈而新鲜的轻微的香草草本，甜玉米棒味

柔和的棉花糖的甜味，甜美、轻微的香料味

轻的，清新的，短的后味

木香
泥煤
果香
辛香
花香
谷物

喜欢这款酒吗？试一下普拉特山谷（Platte Valley）3年威士忌

（Woodford Reserve DS Bourbon）伍德福德珍藏DS波本威士忌

肯塔基州，凡尔赛

43.2%ABV

如果你找不到这款酒，可以用天使的嫉妒（Angel's Envy）波本威士忌

酒体	
4	72%玉米，18%黑麦，10%大麦麦芽。

琥珀色

糖粉，焦糖、青柠，轻微胡椒，草药味

奶油酱，柔软的、轻盈的香草和白胡椒味

微妙的，甜的，绵延不绝

木香
泥煤
果香
辛香
花香
谷物

喜欢这款酒吗？试一下布雷10年波本威士忌

（Koval Rye SB Rye Whiskey）科瓦尔小批量黑麦威士忌

伊利诺伊州，芝加哥

40%ABV

如果你找不到这款酒，可以用布雷（Bulleit）黑麦威士忌

酒体	
5	100%黑麦。

锈琥珀色

巧克力棉花糖；燃烧的蕨类和凤尾草；水果太妃糖味

多汁的，轻微烟熏的，加香料的梨和桃子，隐含土耳其软糖味

长的，甜的，优雅、轻柔的胡椒味

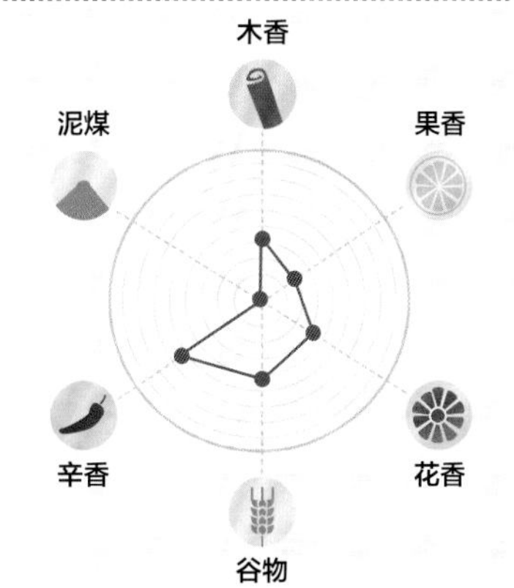

喜欢这款酒吗？试一下杰克·丹尼黑麦威士忌

第四章 4

按产区品鉴

从威士忌蒸馏的中心苏格兰和爱尔兰开始，威士忌的酿造传到了美国并席卷全球。当然，也传播到了一些新世界国家和其他更远的地方。在这一章，我们将根据当今世界威士忌产地分布，以国家、州和地区为单位，研讨这种世界上最受欢迎的烈酒，从新设立的威士忌酿酒厂到著名的酒厂，我们将了解它们的地理特点和历史，以及威士忌的发展趋势。

苏格兰

关于威士忌的起源是在凯尔特（Celtic）还是苏格兰（Caledonian）的争论仍在继续。但对许多人来说，威士忌的灵魂故乡是在苏格兰。苏格兰威士忌的品种和质量是其他威士忌酿造者所追求和向往的。苏格兰威士忌的文化所具有的深度、广度和历史也是其他国家梦寐以求的。

尽管苏格兰威士忌历史悠久，历经坎坷，以及新兴国家的崛起，但苏格兰威士忌始终都在延续和发展。几个世纪以来，不断得以传承。这主要取决于苏格兰酿酒师们的实力和传统。现在，他们正在投资未来，优秀的企业家们和酿酒师在不断创新，精心研究如何进一步提高和改善世界闻名的单一麦芽威士忌、谷物威士忌和调和威士忌的品质。

苏格兰的五个威士忌产区具有独一无二的地理优势。它们是：绵延不断山河景色美丽的高地和岛屿（Highlands and Islands）（左图为格兰克），地势低缓的低地（Lowlands），历史悠久的坎佩尔镇（Campbeltown），“威士忌之岛”艾雷岛（Islay）和一直受欢迎的斯佩塞（Speyside）。

低地

苏格兰低地生产的优质单一麦芽威士忌，其品质往往被人们低估，它常被认为比苏格兰高地等产区“地位低”，这显然是不公平的。

首次生产威士忌的时间：
15世纪末

威士忌的主要种类：单一麦芽

主要的酿酒厂：
- 欧肯特轩
- 布拉德诺赫
- 格兰昆奇
- 达芙特米尔
- 克莱德赛德

威士忌酿酒厂的数量：20家

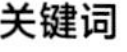

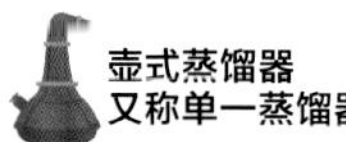

关键词

**壶式蒸馏器
又称单一蒸馏器**

位置

AUCHENTOSHAN
12 YEARS OLD

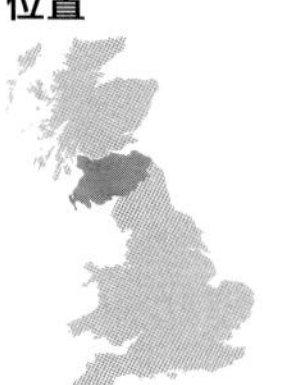

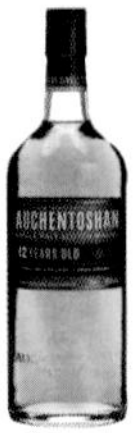

**12年
单一麦芽**

**欧肯特轩
（Auchentoshan）**
格拉斯哥三重蒸馏威士忌

**达芙特米尔
（Daftmill）**
苏格兰最新最小的酿酒厂之一

**林多丽丝修道院
（Lindores Abbey）**
在523年之后，于2017年重新开张

**伊顿
（Eden Mill）**
赢得了圣安得鲁斯蒸馏大奖的酿酒厂

**格拉斯哥酿酒厂
（Glasgow Distillery）**
成立于2014年，在城市的西北角

**金斯邦斯
（Kingsbarns）**
建在一座废弃的农场上

**克莱德赛德
（Clydeside）**
位于太平洋码头的酿酒厂使用附近卡特琳（Katrine）湖的水

**布拉德诺赫
（Bladnoch）**
苏格兰最南端的酿酒厂

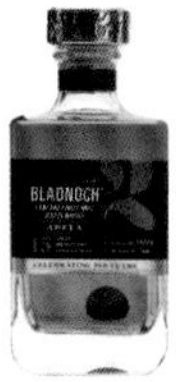

BLADNOCH

**“阿德拉”15年
单一麦芽**

克莱德河（Clyde）
格兰杰默斯（Grangemouth）
吉福德（Gifford）
林利斯戈（Linlithgow）
爱丁堡（Edinburgh）
格拉斯哥（Glasgow）
低地（THE LOWLANDS）
特威德河（River Tweed）
梅里克（Merrick），
南部高地的最高峰，
海拔843米
格文（Girvan）
敦夫里斯郡（Dumfries）
尼斯河（River Nith）
南部高地
包括切维厄特（Cheviot）、莫法特（Moffat）和摩尔富特（Moorfoot）山

**格兰昆奇
（Glenkinchie）**
帝亚吉欧旗下的酿酒厂，邻近爱丁堡

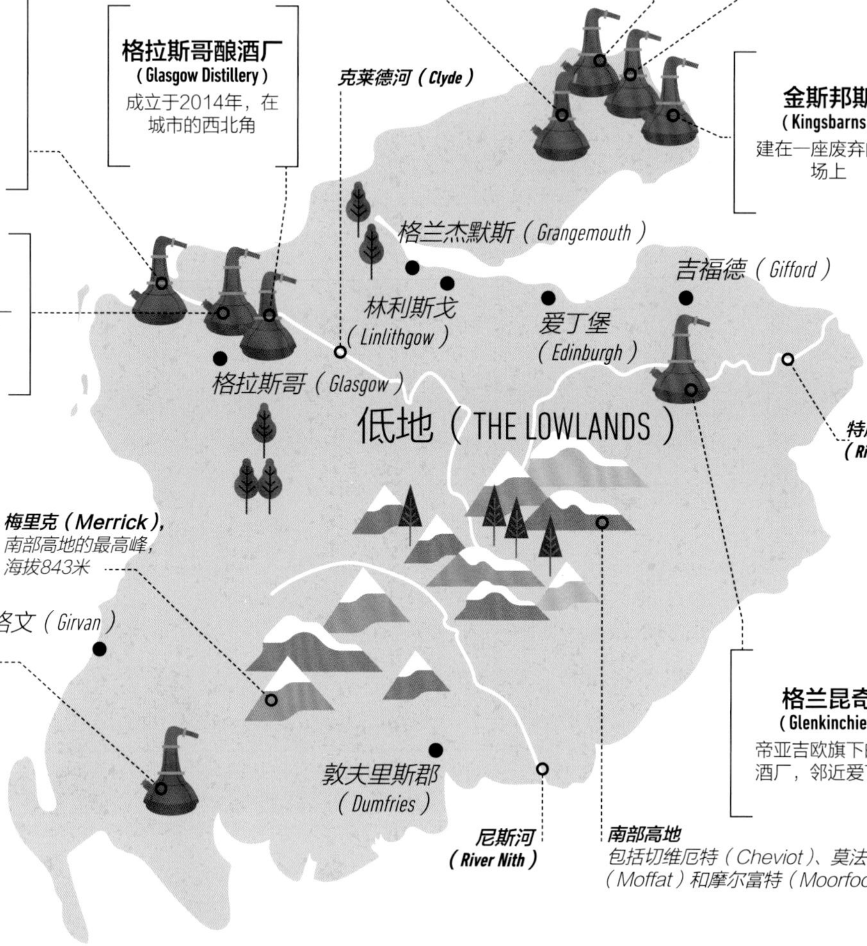

位置

就威士忌而言，苏格兰低地和高地之间有一条从格林诺克（Greenock）到敦提（Dundee）的边界线。

2009年，苏格兰威士忌协会（SWA）划定并确认了这条假想的分界线。但不要与苏格兰高地边界断层混淆。低地的大部分地区地势低缓，适宜农作物生长，苏格兰的大部分大麦种植在这里。在分界线附近有至少一家酿酒厂——达芙特米尔，位于库珀（Cupar）。

酿酒厂

到目前为止，低地产区单一麦芽酿酒厂的数量屈指可数。

尽管有一些著名的、具有历史意义的威士忌名字与该地区有关，例如：圣·玛达拉（St Magdalene），利摩坊（Littlemill）以及玫瑰库（Rosebank）酿酒厂，但都已经关闭。如今这种情况已经改变，低地已成为新建苏格兰威士忌酿酒厂的“流行”地区。像克莱德赛德酿酒厂、格拉斯哥酿酒厂、伊顿、林多丽丝修道院和金斯邦斯在2005年悄然来到这里。低地威士忌已经“复苏”。达芙特米尔、欧肯特轩、格兰昆奇和布拉德诺赫等老牌酿酒厂终于有了新的邻居。

▲ **克莱德赛德酿酒厂，**于2017年开业。是格拉斯哥首批投入使用的单一麦芽酿酒厂。酿酒厂位于皇后码头，该码头已有超过100年的历史。

▲ **大麦田** 构成了低地产区的壮美景观，与隔壁相邻的高地产区形成鲜明对比。

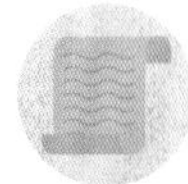

背景

低地产区原先被认为是爱尔兰三重蒸馏法的发源地。

不过，酿酒历史学家阿夫雷德巴纳（Alfred Barnard）在1886年对苏格兰和爱尔兰的酿酒厂做调查时，这种做法就已经消失了。今天，只有欧肯特轩还在用三重蒸馏的方法。阿夫雷德巴纳调查的时候发现，消费者已经不再喜欢低地产区的威士忌了，因为人们认为低地产区的威士忌较高地产区的单一麦芽威士忌口感较轻，而且没那么复杂。只有欧肯特轩和格兰昆奇幸存，20世纪90年代重新开业的布拉德诺赫也加入了进来，后来又有了现在的一批新酿酒厂。

▲ **欧肯特轩的威士忌**被称为“早餐威士忌”，因为它具有甜味和精致的风味。

高地和岛屿

高地一直是威士忌酿造的前沿地带。现在，老酿酒厂的威士忌产量比历史上任何时候都要多，而新的酿酒厂也在为其开辟一些新的市场。但究竟是什么原因让这个地区的威士忌受到如此殊荣？

首次生产威士忌的时间：
15 世纪

威士忌的主要类型： 单一麦芽

主要的酿酒厂：
- 高原骑士
- 泰斯卡
- 格兰杰
- 格兰多纳
- 老普尔特尼

威士忌酿酒厂的数量：约40家

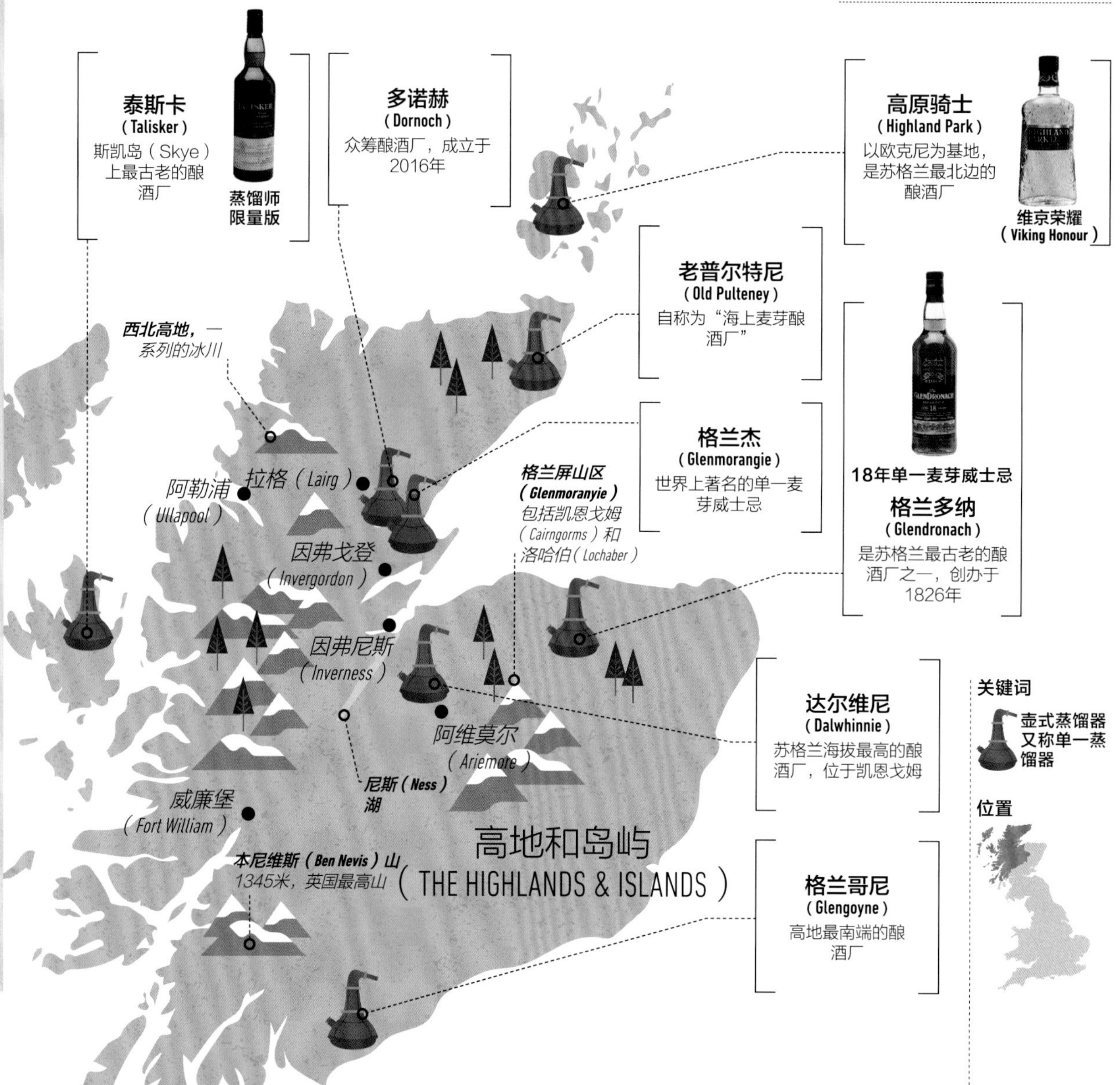

位置

苏格兰高地可能是苏格兰地貌特征最多样的地区。

引人注目的山脉和丘陵，被水流和冰川分割成峡谷和湖泊，分布在北部和西部，然后向平坦的沿海地区延伸。这个威士忌产区还有欧克尼（Orkney）、设得兰（Shetland）群岛、西部群岛[除了艾雷岛（Islay）]，它们被包裹在美丽的火山岛屿中，气候温和多变，经常出现“一日四季”现象。

▶ **爱尔兰朵娜城堡，**位于西部高地的洛哈尔什教区凯尔，可以眺望对面的斯凯岛。

▲ **达尔维尼** 坐落在苏格兰高地和斯佩塞的边界上，但被认为是高地产区的酿酒厂。

酿酒厂

在这一大片区域约有40多家麦芽酿酒厂。

就像这里的地貌一样，高地的威士忌品种繁多。从轻柔且果香浓郁的格兰哥尼和达尔维尼，从摩娜到更为强劲的老普尔特尼，从口感丰满带辛香味的格兰多纳到带有浓重泥煤风味的阿德莫尔和泰斯卡，每个人都能在此找到适合自己口味的威士忌。在多诺赫有几家新的酿酒厂也已经开始生产烈酒。这是一个充满活力的产区。

背景

直到19世纪早期，苏格兰高地要稍逊于苏格兰其他的威士忌产区。

与苏格兰低地相比，这个地区荒无人烟，充斥着非法的蒸馏酒。这片土地的地形也起到了一定的作用，使得非法的蒸馏厂更容易隐蔽和躲藏，以至于当地政府很难发现和惩罚他们。

然而，随着苏格兰威士忌的普及和知名度的提高，高地的蒸馏厂不断进步和发展。1823年的消费税法案也产生了巨大的影响，使苏格兰威士忌的生产合法化，从而有了苏格兰高地单一麦芽威士忌今天的发展局面。

趣闻轶事

泥煤和威士忌

泥煤和苏格兰威士忌的关系悠久。泥煤和煤炭中的有机物质究竟是什么？它是如何被用来酿造烟熏威士忌的？

▲ 挖出的泥煤通常堆积在原地进行初步干燥，这和其他许多传统的泥煤干燥方法相同，作为一种传统，几个世纪都没有改变。

泥煤是什么？

泥煤是植物在微生物和地质化学的长期作用下，历经数百年甚至是上千年而形成的高分子化合物。如果再过几百、几千年，它就变成了煤炭。它分布在世界各地的沼泽地，占其面积的3%。在苏格兰和爱尔兰，无论是过去还是现在，它仍是家用和部分工业用的燃料。泥煤被挖出来后，切成长块，晾干后再明火燃烧。对于早期的苏格兰威士忌酿酒师来说，大麦都是在泥煤火上干燥的。燃烧时，泥煤产生浓厚烟气，烟气中的酚类化合物会被潮湿的大麦表皮吸收。这个方法使麦芽生产规模得到扩大，至今仍在沿用这种方法烘干大麦，制作麦芽汁，然后水洗。最终的威士忌具有烟熏和药水味道，这是一些苏格兰单一麦芽威士忌的特点。最著名的泥煤威士忌有拉弗格（Laphroaig）、波摩、泰斯卡、阿德贝哥、乐加维林和卡尔里拉（Caol Ila）。还有来自更远地方的泥煤威士忌，例如来自印度的阿穆特（Amrut）、中国台湾的噶玛兰（Kavalan）、日本的余市（Yoichi）以及瑞典的麦克米拉（Mackmyra）。

哪些酒厂使用它？

很多人认为所有的苏格兰威士忌都带有烟熏和泥煤味。事实上，很少有单一麦芽酒厂使用泥煤熏烘大麦这一工艺。这个传统最初并不是为了制造烟熏威士忌而是无其他选择，现在主要在艾雷岛的大多数酿酒厂，以及其他少数岛屿和大陆的酿酒厂采用。在亚洲和远东地区，泥煤和大麦通常是从欧洲进口的，因为本地缺乏泥煤或泥煤加工设备。

泥煤资源的保护

泥煤的生长速度不是特别快——每年仅能增加大约1mm的厚度，它的可再生率一直困扰着威士忌酿造者。据预测，艾雷岛上的泥煤将在21世纪20年代耗尽，许多的酿酒厂也正在积极寻找其他方法来酿造威士忌，包括从加拿大、西伯利亚和非洲刚果地区进口泥煤到苏格兰。

▲ **泥煤在窑中燃烧，**产生的烟雾用来烘干大麦。历史上苏格兰威士忌所用的大麦曾经都是这样做的。

现在，很少有单一麦芽酒厂在使用泥煤熏烘大麦这一工艺。

◀ **据说苏格兰的泥煤**资源已经所剩无几，加拿大一些未受到污染的泥煤地（左图）正在受到苏格兰酿酒师的关注。

品鉴 11/20 泥煤威士忌

泥煤是苏格兰威士忌的基本原料之一。有些威士忌离不开它，依赖于它“独特”的味道，将它当成一种“调味品”。

方法说明

品尝泥煤威士忌是最简单也是最难的。简单，是因为泥煤是最容易发现的味道；难，是因为一旦你品尝了泥煤威士忌，就很难品尝到其他的味道。即使在调和威士忌中也能闻到泥煤强烈的烟熏味。第一款是非泥煤风味的威士忌，作为对照样品。

品鉴训练

希望通过这次品鉴能了解泥煤对大麦的重要影响。约150年前，大多数单一麦芽威士忌在酿造中都使用泥煤。今天，你可以选择味道浓郁的泥煤或是没有泥煤味的威士忌或介于两者之间的酒款。泥煤威士忌在整个苏格兰乃至全世界都有生产并且深受欢迎。

泥煤威士忌的品鉴是最简单也是最难的。

（The Glenlivet 12YO）格兰威特12年

斯佩塞单一麦芽威士忌

40%ABV

如果你找不到这款酒，可以用斯特拉塞斯（Strathisla）12年威士忌

酒体 2

格兰威特是最早获许可证的斯佩塞酿酒厂，这款产品是在美国最畅销的单一麦芽威士忌。

淡稻草色

夏天的草地：刚割的草坪；香草味

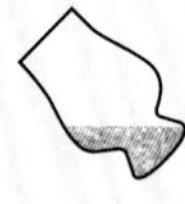

强烈的柠檬草味，没有泥煤味道

长，丝滑，干

风味图

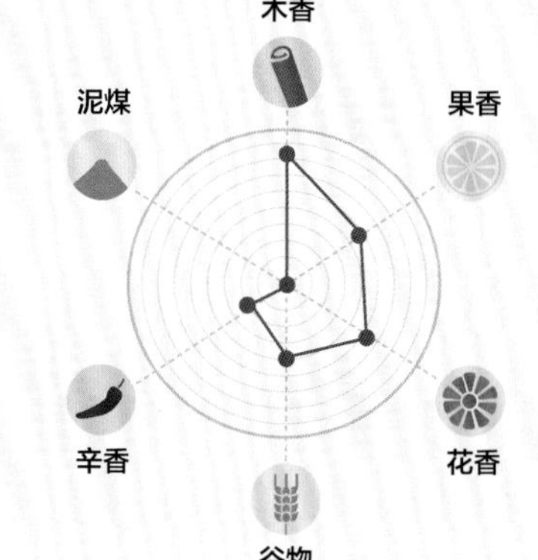

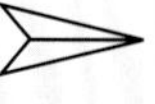

喜欢这个？试一下一甲宫城峡（Nikka Miyagikyo）单一麦芽威士忌

（Springbank 10YO） **云顶10年** 坎佩尔镇单一麦芽威士忌 46%ABV	（Benromach Peat Smoke） **本诺曼克泥煤烟熏** 斯佩塞单一麦芽威士忌 46%ABV	（Kilchoman "Machir Bay"） **齐侯门玛吉湾** 艾雷岛单一麦芽威士忌 46%ABV
如果你找不到这款酒，可以用克莱嘉赫（Craigellachie）13年威士忌	**如果你找不到这款酒，**可以用本利亚克酷睿西塔斯（BenRiach Curiositas）威士忌	**如果你找不到这款酒，**可以用拉弗格（Laphroaig）10年威士忌
酒体 3 坎佩尔镇最古老的酿酒厂。	**酒体** 4 1993年被高登和麦克菲尔（Gordon & MacPhail）买下并再次营业。	**酒体** 5 成立于2005年，是1881年以来，艾雷岛的第一家新酿酒厂。
浅金色	**淡金色**	**浅金色**
糖果，菠萝，桃子，柔软有独特的泥煤香气	**甜而不腻，新鲜的香草；**柑橘，和火腿味	**甜甜的，浓郁**的饼干香气被泥煤烟熏的味道遮盖
烤橘子酱；香料；水果蛋糕，充满泥煤烟气	**含香料的苹果，梨，**甜的柠檬。烟熏味	**加水**后增加了泥煤味。谷物和柑橘的香味被刺激的烟味所包裹
淡淡的烟熏味，柑橘味，油性	**新鲜的果味、**泥煤烟熏味，微油	**长，**烟熏的，油性
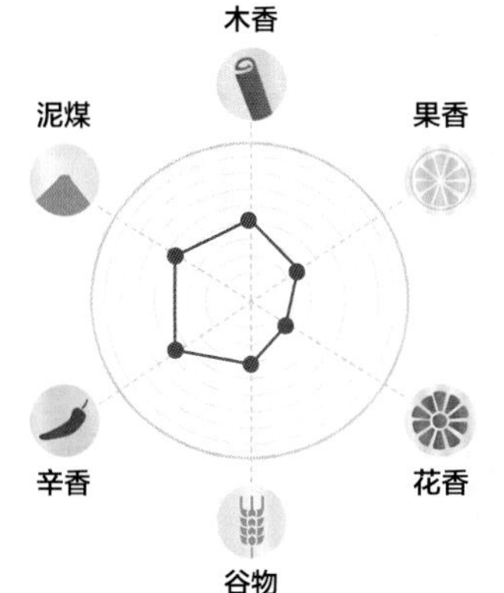	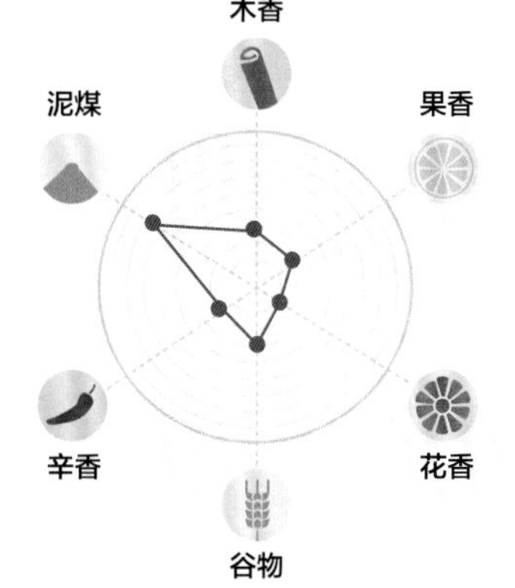	
喜欢这个？试一下韦斯特兰（Westland）泥煤威士忌	**喜欢这个？**试一下阿德莫尔传承（Ardmore Legacy）威士忌	**喜欢这个？**试一下利德哥（Ledaig）10年单一麦芽威士忌

艾雷岛

苏格兰的“威士忌岛”——艾雷岛上有9家威士忌酿酒厂。这里的威士忌经常让人联想到“干冽”和“泥煤”的味道，所有的艾雷岛威士忌都是这样吗？

首次生产威士忌的时间：
15世纪晚期

主要威士忌的种类： 单一麦芽

主要的酿酒厂：
- 雅柏
- 波摩
- 布赫拉迪
- 乐加维林
- 拉弗格

威士忌酿酒厂的数量： 9家

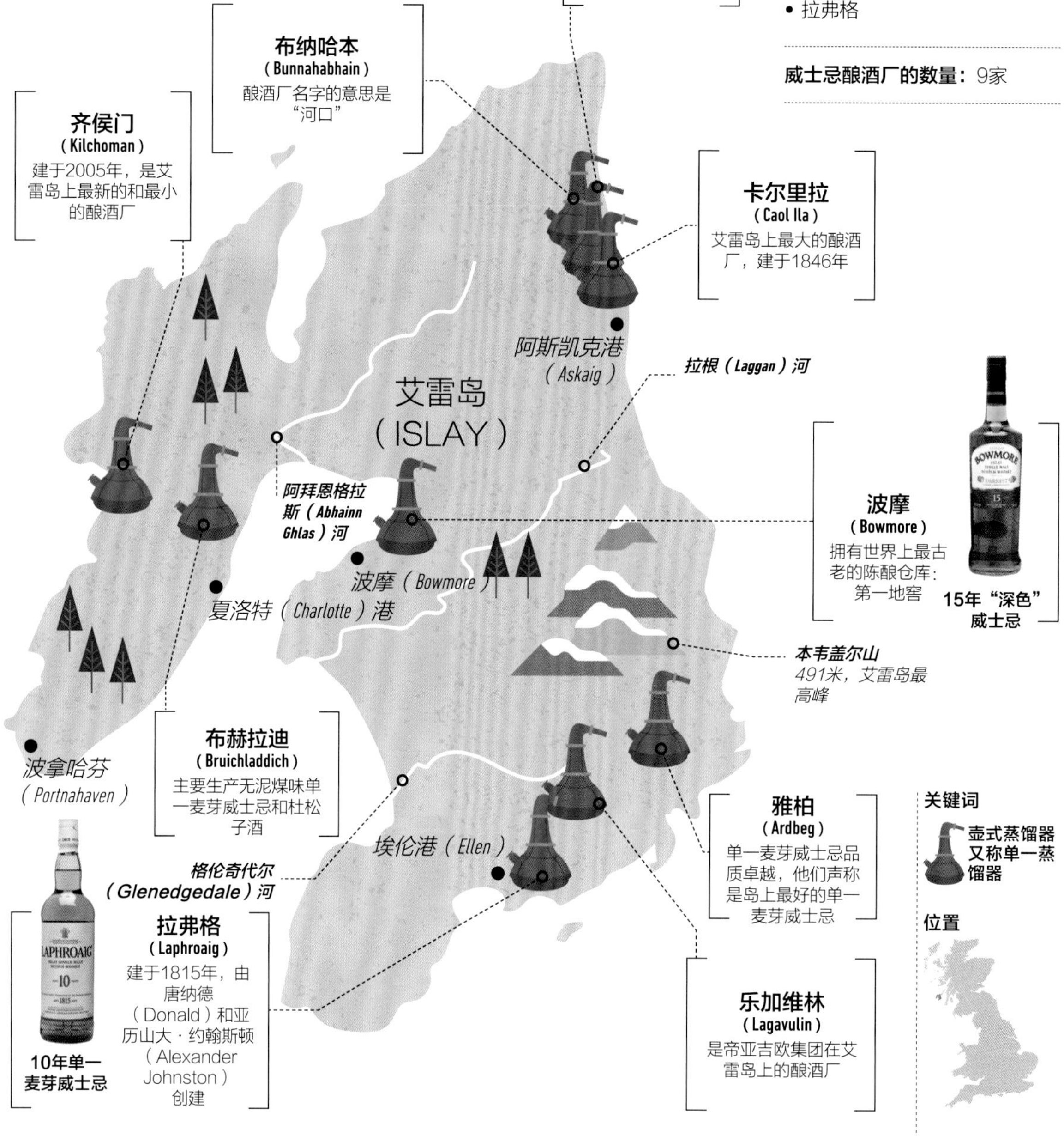

阿德纳霍
（Ardnahoe）
目前艾雷岛上最新的酿酒厂，2019年开业

布纳哈本
（Bunnahabhain）
酿酒厂名字的意思是“河口”

齐侯门
（Kilchoman）
建于2005年，是艾雷岛上最新的和最小的酿酒厂

卡尔里拉
（Caol Ila）
艾雷岛上最大的酿酒厂，建于1846年

阿斯凯克港
（Askaig）

拉根（Laggan）河

艾雷岛
（ISLAY）

阿拜恩格拉斯（Abhainn Ghlas）河

波摩
（Bowmore）
拥有世界上最古老的陈酿仓库：第一地窖

15年“深色”威士忌

波摩（Bowmore）

夏洛特（Charlotte）港

本韦盖尔山
491米，艾雷岛最高峰

波拿哈芬
（Portnahaven）

布赫拉迪
（Bruichladdich）
主要生产无泥煤味单一麦芽威士忌和杜松子酒

埃伦港（Ellen）

格伦奇代尔（Glenedgedale）河

雅柏
（Ardbeg）
单一麦芽威士忌品质卓越，他们声称是岛上最好的单一麦芽威士忌

拉弗格
（Laphroaig）
建于1815年，由唐纳德（Donald）和亚历山大·约翰斯顿（Alexander Johnston）创建

10年单一麦芽威士忌

乐加维林
（Lagavulin）
是帝亚吉欧集团在艾雷岛上的酿酒厂

关键词

壶式蒸馏器又称单一蒸馏器

位置

位置

艾雷岛的地貌更像低地或坎佩尔镇，而不像附近的岛屿。

位于苏格兰内赫布里底（Inner Hebrides）群岛的最南端，这里景色秀丽、绿地起伏。艾雷岛上的酿酒厂除两家外，其余都位于海边。这样，从岛上通过船运出口威士忌便更加方便。如今，艾雷岛上的威士忌主要通过艾伦港和阿斯凯克港的码头出口。作为一个生产泥煤威士忌的岛屿，艾雷岛泥煤沼泽资源丰富，从波摩到艾伦港的主要道路两侧都被泥煤沼泽所覆盖。

▶ **南部的艾伦港**是艾雷岛的主要威士忌出口码头之一，另外还有阿斯凯克港。

酿酒厂

艾雷岛上的9家酿酒厂生产的威士忌各有不同，不仅仅是泥煤威士忌。

雅柏、齐侯门、乐加维林和拉弗格以及新建酿酒厂阿德纳霍专注于酿造味道浓厚的泥煤威士忌。卡尔里拉和波摩则酿造中度泥煤味威士忌。布纳哈本和布赫拉迪酿造更甜、更圆润的无泥煤味的威士忌，虽然这两家酿酒厂生产的泥煤威士忌数量很少，但其中来自布赫拉迪的泥煤怪味威士忌（Octomore）最为著名。

▲ **乐加维林**的名字来自苏格兰盖尔语，意思为“工厂所在的山谷”，描述了酿酒厂位于一个隐蔽的海湾里。

背景

有些人认为威士忌蒸馏技术是从爱尔兰经过艾雷岛传到苏格兰的。

艾雷岛距离爱尔兰北部海岸只有14.5千米，岛上的许多蒸馏厂都是苏格兰最古老的酿酒厂之一，这也可能是其中的原因。可以肯定的是，艾雷岛是苏格兰生命之水——威士忌的发源地。历史上，苏格兰所有的威士忌曾经都是采用泥煤和大麦麦芽酿造而成，然而当无烟燃料和其他种类的威士忌出现时，酿酒厂开始对工艺和产品进行多样化改进。但在艾雷岛上仍然使用传统的泥煤工艺，而且现在仍然如此。

坎佩尔镇

坎佩尔镇地区只有3家酿酒厂，但它却是苏格兰极为重要的威士忌产区。

首次生产威士忌的时间：17 世纪末

威士忌的主要种类：单一麦芽

主要的酿酒厂：
- 格兰盖尔（可蓝，Kilkerran）
- 格兰蒂
- 云顶

威士忌酿酒厂的数量：3家

关键词

壶式蒸馏器
又称单一蒸
馏器

位置

位置

坎佩尔镇位置很偏僻，从很多意义上说它是世界的尽头，这里曾经是苏格兰威士忌的世界。

如果你曾经开车去过那里，从格拉斯哥出发，经过大湖泊（the great Lochs）、罗蒙德湖（Lomond）和芬尼湖（Fyne），穿过因弗雷里（Inveraray），沿着美丽的蜿蜒小路一直开到坎佩尔镇，就不能再往前开了。它坐落在琴泰海角的顶端，周围是美丽肥沃的农田，濒临大海。坎佩尔镇曾经是苏格兰的“威士忌之城”——一个拥有30多家酿酒厂的海边小镇。如今大部分已不复存在，但剩下的3家酿酒厂仍然十分重要。

▶ **坎佩尔镇**位于金泰尔半岛的南部，是一块手指形状的地方，约48千米长。

酿酒厂

格兰蒂从1832年开始经营，经过1984年—1989年的短暂关闭后，现在又开始蒸馏优质烈酒。

格兰盖尔的品牌是可蓝，生产一些风格柔和、甜美及烟熏威士忌。

然而，云顶可能是最具标志性的酒厂。这里仍然保留着传统的生产威士忌酿造方法，它是唯一一家从大麦发芽，到蒸馏，再到装瓶都在酒厂内完成的厂。云顶既是酒厂，也是博物馆。

▲ **云顶**是苏格兰历史最悠久的独立家族式酿酒厂，可以追溯至五代人之前。

背景

直到19世纪中后期，坎佩尔镇一直是一个非常重要的威士忌产区。

30多家威士忌生产商大多生产泥煤威士忌和“工业化威士忌”，当谷物威士忌和更细致的单一麦芽威士忌开始挑战它们时，它们就失宠了。受当地一家煤矿的关闭和美国禁酒令的影响，威士忌酿酒厂接连倒闭。到1934年，只剩下了云顶和格兰蒂。云顶的所有者在2004年重新恢复了格兰盖尔的生产，发出了该地区开始复兴的信号。

斯佩塞

从地理上讲，斯佩塞是苏格兰高地的一部分，但就威士忌而言，它有自己的产区“名称”，同高地是一个级别的产区，以表示它在苏格兰威士忌行业中的地位。

首次生产威士忌的时间：
18 世纪末

威士忌的主要种类： 单一麦芽

主要的酿酒厂：
- 雅伯莱
- 格兰花格
- 格兰菲迪
- 格兰威特
- 麦卡伦

威士忌酿酒厂的数量： 约45家

单桶麦芽威士忌

麦卡伦
（The Macallan）
巨大的酒库被形容为一块隐藏的宝石，现在是全球威士忌巨头

16年单一麦芽威士忌

雅伯莱
（Aberlour）
威士忌是用卢尔河（Lour）的水酿造的

本诺曼克
（Benromach）
生产斯佩塞单一麦芽威士忌

欧摩
（Aultmore）
Aultmore盖尔语意为“bigburn”，是“大河”的意思，指的是酿酒厂的水源地来自奥金德兰河（Auchinderran burn）

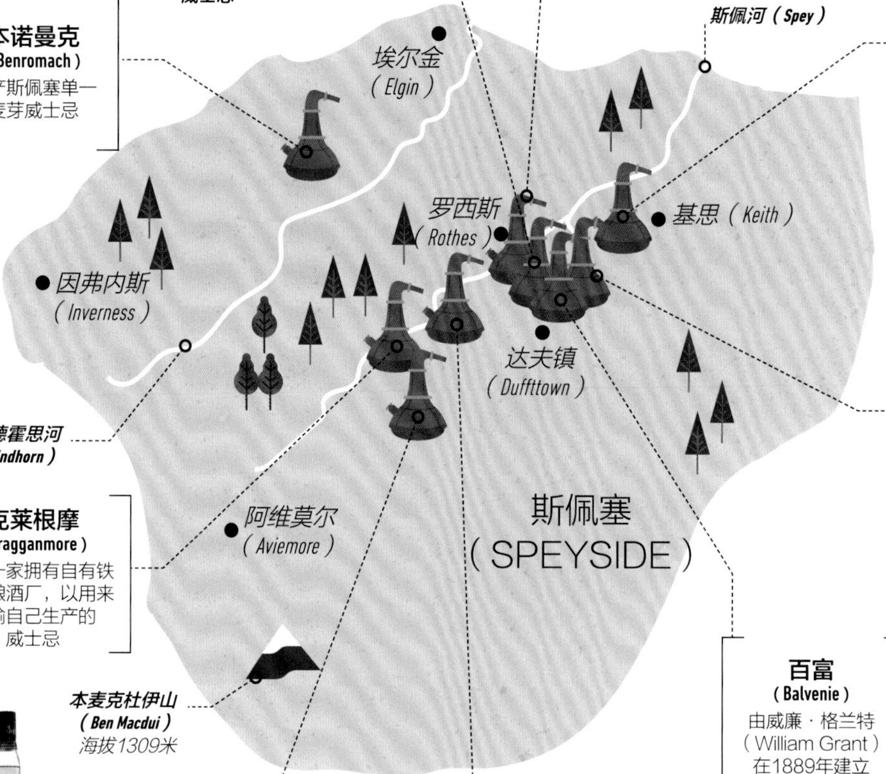

斯佩河（Spey）

埃尔金（Elgin）

罗西斯（Rothes）

基思（Keith）

因弗内斯（Inverness）

达夫镇（Dufftown）

芬德霍思河（River Findhorn）

阿维莫尔（Aviemore）

斯佩塞（SPEYSIDE）

本麦克杜伊山（Ben Macdui）海拔1309米

18年单一麦芽威士忌

格兰菲迪
（Glenfiddich）
威士忌产量约占全球单一麦芽威士忌销量的三分之一

克莱根摩
（Cragganmore）
是第一家拥有自有铁路的酿酒厂，以用来运输自己生产的威士忌

百富
（Balvenie）
由威廉·格兰特（William Grant）在1889年建立

15年单一麦芽威士忌

格兰威特
（The Glenlivet）
是历史上首个获得酿酒执照的苏格兰酿酒厂，正式宣告非法酿酒时代的终结。由酿酒师乔治·史密斯建立

格兰花格
（Glenfarclas）
有6个斯佩塞最大的蒸馏器

关键词

壶式蒸馏器又称单一蒸馏器

位置

位置

斯佩塞位于苏格兰高地的东北部，东至德弗伦河，西至芬德霍恩河，南边以凯恩戈姆山和阿伯丁群海岸为界。

这是一个美丽、温暖、宁静的地方，农田肥沃。斯佩河和它的许多支流就像生命的动脉一样流经这里，为该地区许多酿酒厂提供优质的水源，这些酿酒厂出产的产品以柔顺和复杂著称。斯佩塞产区可进一步划分出更小的区域，如罗西斯、达夫镇、亚伯乐（Aberlour）、基思等。斯佩塞是世界上最优秀的威士忌产区之一。

▶ **斯佩塞**的名字来自于斯佩河，这里的许多酿酒厂坐落在河两岸周围的峡谷中。

酿酒厂

在这个小地方，有近50家各种类型的酒厂在经营。

格兰威特的威士忌口感轻柔，香气中带有花香及柑橘味。而更多的“中型”酿酒厂，包括苏格兰百富、欧摩和克莱根摩生产的威士忌口感更加圆润和“丰满”。喜欢口感浓郁、辛香的和强劲的人，可以品尝格兰花格和麦卡伦。其中还有一些酒商如本诺曼克仍然在使用泥煤麦芽，这是对斯佩塞威士忌的一种传承。

▲ **麦卡伦**的新酿酒厂有高科技的蒸馏厂，于2018年开工，耗资1.4亿欧元。

背景

斯佩塞不是苏格兰的一个行政区，它纯粹是为了酿造威士忌而存在。

在威士忌评论家和作家迈克·杰克逊（Michael Jackson）的倡导下，苏格兰威士忌协会（SWA）于20世纪90年代初将斯佩塞指定为苏格兰产区之一，即原产地命名，把单一麦芽威士忌按照产区和风格分类，就像葡萄酒一样。如今，许多酿酒厂已在原有口味的基础上使产品多样化，产品种类更加多变。

品鉴
12/20

高地单一麦芽威士忌

许多人认为，根据酿酒厂所在的地区，苏格兰单一麦芽威士忌可以按照口味分类。那么，“类型”与产区相关吗？这次品鉴以高地单一麦芽威士忌为例。

方法说明

我们在几款酒之间寻找不同的以及相似的口味。当你选择下一款威士忌时，根据你的味觉体会，思考一下依据传统的产地来进行分类是否合适。

品鉴训练

威士忌的产地很重要，还有当地的背景和历史——这些都是酿酒厂特色的重要组成部分。希望在这次品鉴之后，你能用一种新的眼光来看待地域特色。创造更多的产品风味可能是每一个酿酒师希望达到的目的。他们有可能希望坚持这个产地的“传统”风格，但也可能不是这样。

希望在这次品鉴之后，你能用一种新的眼光看待地域特色。

（Glengoyne 12YO）格兰哥尼12年

西南高地

43%ABV

如果你找不到这款酒，可以用达尔维尼（Dalwhinnie）15年威士忌

酒体 2

格兰哥尼威士忌酿造始于1833年，位于苏格兰高地/低地线以北。

浅金色

蜂蜜和柑橘；香草和椰子味

柠檬蛋挞、香草奶冻、焦糖苹果、脆饼味

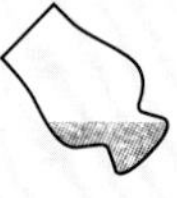

干果和桂皮，余味中等

风味图

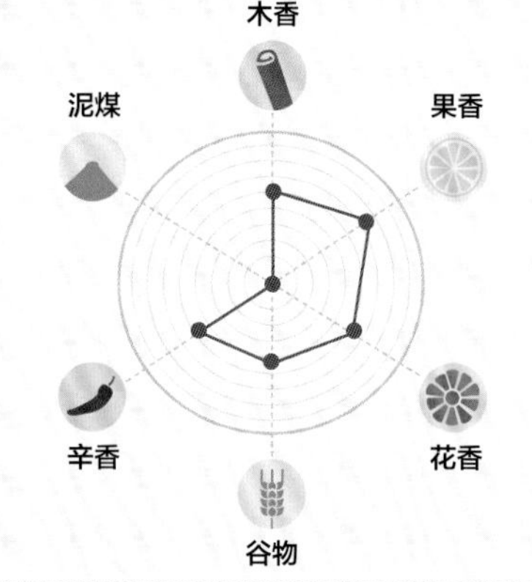

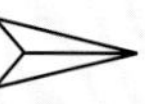

喜欢这个？试一下噶玛兰经典（Kavalan“Classic”）单一麦芽威士忌

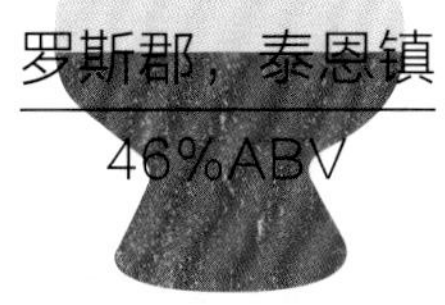

（Glenmorangie "Quinta Ruban"） **格兰杰金塔鲁班** 罗斯郡，泰恩镇 46%ABV	（Clynelish 14YO） **克里尼利基14年** 东北高地 46%ABV	（Ledaig 10YO） **利德哥10年** 高地单一麦芽威士忌 （马尔岛） 46.3%ABV
如果你找不到这款酒，可以用都明图尔（Tomintoul）15年波特桶熟威士忌	**如果你找不到这款酒，**可以用老普尔特尼（Old Pulteney）12年单一麦芽威士忌	**如果你找不到这款酒，**可以用雅柏（Ardbeg）10年威士忌
酒体 **3** 这种威士忌要放在波特桶中（或杜罗河波特桶）里几个月。	**酒体** **3** 克里尼利基酒厂始建于1819年，1969年新的酿酒厂建成。	**酒体** **5** 该酿酒厂始建于1798年，后来关闭，1982年又恢复生产。
焦赭色	**浅金色**	**金黄色**
冬天的香料：丁香、桂皮；香草味	**柑橘，花香。**咸味反映了克里尼利基的沿海特色	**烟熏，**诱人的柑橘味
樱桃利口酒；香料和茴香的味道	**海藻和烟熏；**甜橙柑橘类，辛香的，蜂蜜，香草味	泥煤味，多汁的柑橘味
干型，辛香，余味中等	**清爽，余味悠长，**淡淡的油性	**吸引人的，**柑橘和弥漫的泥煤烟气
木香 泥煤 果香 辛香 花香 谷物	木香 泥煤 果香 辛香 花香 谷物	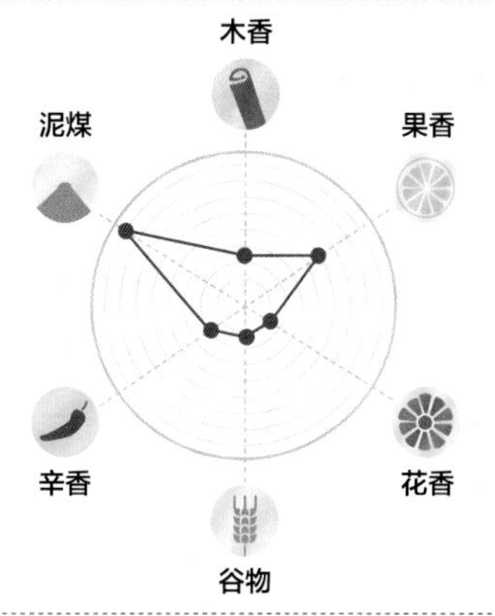
喜欢这个？试一下百富（Balvenie）21年波特桶熟威士忌	**喜欢这个？**试一下白州（Hakushu）单一麦芽威士忌	**喜欢这个？**试一下阿穆特（Amrut）泥煤威士忌

趣闻轶事

蒸馏器的种类

威士忌蒸馏器一般可以分为两类：壶式蒸馏器和柱式蒸馏器。
这两种蒸馏器都可以酿造出与众不同的威士忌，操作方式相似但也有区别。

▲▶ 壶式蒸馏器
几个世纪以来，壶式蒸馏器一直是威士忌蒸馏的基础设备，直到19世纪30年代发明了柱式蒸馏器。

壶式蒸馏器

壶式蒸馏器是最古老、最传统的蒸馏器，尤其是用于酿造单一麦芽威士忌。像烧水壶一样，“酒醪”或类似“啤酒”的液体被加热成蒸气，然后上升到壶嘴。上升的蒸气通过一个称为“天鹅颈”的管道输送到冷凝器中，使蒸气变成酒精度更高的液体。壶式蒸馏器通常是用铜制成的，因为没有其他金属能像铜那样传导热量，同时又能去除液体中令人不愉快的硫化物。

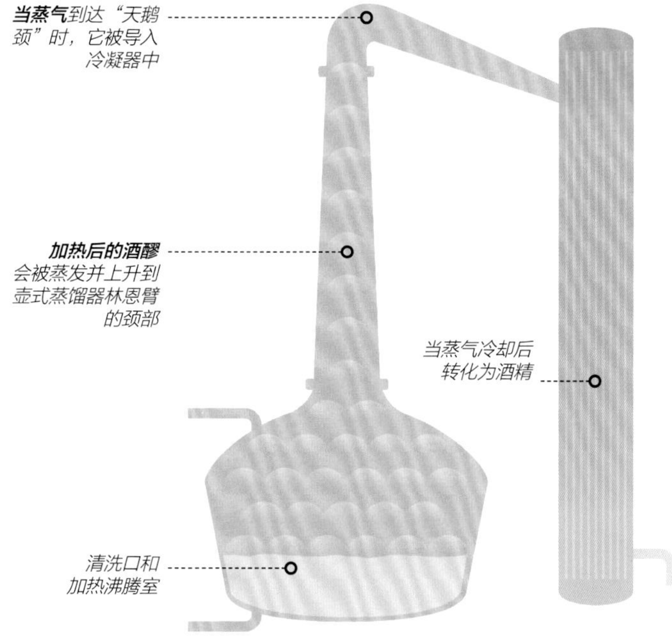

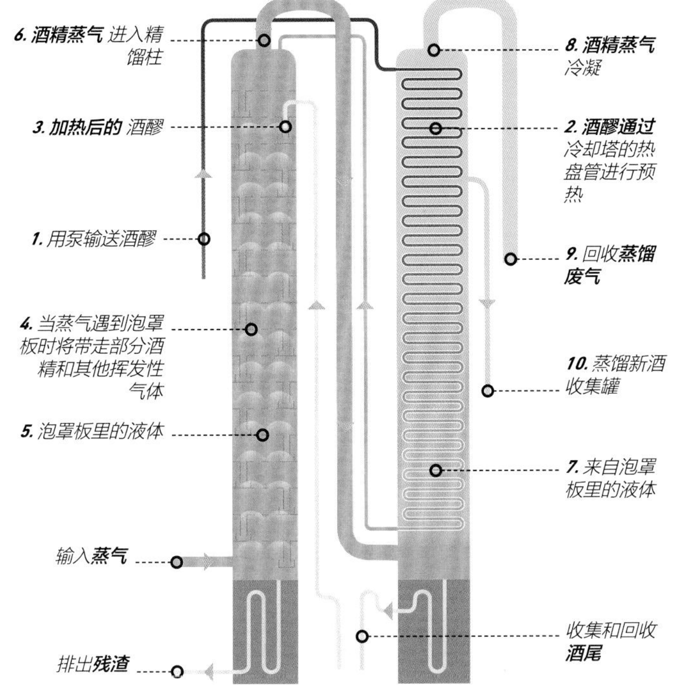

◄ ▲ 柱式蒸馏器
左图所示为柱式蒸馏器的运作流程。

柱式蒸馏器

柱式蒸馏器也称为科菲（Coffey）或者连续蒸馏器，并获得专利，可以蒸馏出酒精含量较高的烈酒。蒸馏器启动后，酒醪中的蒸气便会沿着蒸馏器往上流动。蒸气在每一层被液化，在每一个泡罩板里形成液体层。上升的蒸气被迫穿过这层液体时产生沸腾，继而又迫使蒸气穿过上一泡罩板再往上流动，再逐层往上连续蒸馏。每上升一层，酒精浓度就不断得到提高。柱式蒸馏器可用于蒸馏谷物威士忌，如波本威士忌。

另外，还有“双重蒸馏法”，在美国，传统上用于酿造波本威士忌。它是经过壶式蒸馏后，再使用柱式蒸馏器蒸馏。这种双重蒸馏法也称为混合蒸馏。

柱式蒸馏器的塔体是用铜制作的，铜可以帮助去除酒中的硫化物，就像用壶式蒸馏器一样。

柱式蒸馏器的塔体是用铜制作的，铜可以帮助去除酒中的硫化物。

爱尔兰

18、19世纪时，爱尔兰生产全球最畅销的威士忌，十分风行，令人羡慕。然而，就像爱尔兰历史上发生的许多其他事情一样，20世纪60年代末，爱尔兰威士忌全球销售量跌入低谷。如今，爱尔兰威士忌卷土重来，其复兴之路给人们带来了对美好未来的希望。

一些传统、著名的爱尔兰单一壶式蒸馏威士忌，在英国和美国市场上非常畅销。爱尔兰威士忌酿酒师一开始没有接受在19世纪引入的柱式蒸馏器和连续蒸馏威士忌的工艺变革。尽管爱尔兰对传统的保护令人钦佩，但却对经济带来了毁灭性的打击，这使得爱尔兰的威士忌几乎到了穷途末路的地步，爱尔兰仅有几家蒸馏厂幸存了下来。现在，爱尔兰威士忌复兴之路已经开启并得到了蓬勃的发展，更多的酿酒厂在这里卷土重来。在威士忌排行榜上，历史悠久的酿酒厂尊美醇和布什米尔，距离行业巨头仅有一步之遥。

爱尔兰

人们对爱尔兰威士忌的热爱是显而易见的，尤其是在美国。是什么推动了这个产业的发展？它比苏格兰威士忌的历史还要悠久？今天它又处于什么样的地位？

首次生产威士忌的时间： 18 世纪

主要的威士忌种类： 单一麦芽威士忌，单一壶式蒸馏威士忌，单一谷物爱尔兰威士忌，调和爱尔兰威士忌

主要的酿酒厂：

- 尊美醇（科克）
- 布什米尔（安特里姆郡，Antrim）
- 库利（劳斯郡，Louth）
- 帝霖（都柏林）
- 丁格尔（凯里郡，Kerry）

威士忌酿酒厂的数量： 21家

位置

爱尔兰素有“翡翠岛国”之称，著名的城市有都柏林、贝尔法斯特和科克等。爱尔兰草地遍布，绿树成荫。

爱尔兰中部为丘陵和平原，北部、西北部和南部为高原和山地，沿海多为高地。这里是温带海洋性气候，冬天温和湿润，夏天凉爽。岛的西边面对大西洋，受北大西洋暖流的影响，气温平稳，降雨量是东部的两倍。这里森林茂盛，绿地遍野，泥煤资源丰富，不过泥煤并不广泛用于爱尔兰威士忌的酿造。

▶ **爱尔兰的乡村**有许多小农场，不是大规模的农场。

酿酒厂

直到20世纪80年代末，爱尔兰只剩下布什米尔和尊美醇酒厂。

1987年，新成立了库利酿酒厂，这里曾经是一家马铃薯酒精加工厂。这家公司背后的家族——帝霖，他们生产的威士忌深受欢迎，在2012年卖给占边。帝霖于2015年在都柏林开设了帝霖威士忌酿酒厂。在帝霖与凯里郡的丁格尔和邓恩郡的奇林维尔的带动下，开始了爱尔兰威士忌的复兴之路。

▲ **布什米尔的黑布什威士忌** 是在欧罗索（Oloroso）雪莉桶中进行熟成。它是由80%的麦芽和20%的谷物酿成的调和威士忌。

背景

在苏格兰之前，爱尔兰就开始蒸馏威士忌，但近年来，爱尔兰的威士忌行业表现不佳。

这主要是由于历史上严厉的税收制度和生产监督的原因。然而，爱尔兰威士忌比苏格兰威士忌衰落的主要原因是爱尔兰威士忌制造商拒绝接受19世纪30年代发明的科菲蒸馏器，仍坚持使用单一壶式蒸馏器，因而其产品被认为过时且昂贵。到20世纪80年代，只剩下两家酿酒厂。不过，如今有超过20家酿酒厂，爱尔兰威士忌的复兴之路才刚刚开始。

趣闻轶事

爱尔兰威士忌的复兴

爱尔兰和苏格兰曾经都是威士忌酿造的主要产区。然后由于各种历史原因，爱尔兰威士忌已经不如苏格兰威士忌那样广为流行，是什么原因导致的？更重要的是，它将如何复兴？

▲ **布什米尔酿酒厂**最引以为荣的是，它被公认为全世界历史最悠久的合法酿酒厂。其历史可以追溯到1608年，甚至比苏格兰任何一家酿酒厂都要古老。

直到 20 世纪 70 年代

爱尔兰威士忌曾经有过辉煌的历史，曾经有许多酒厂，但是到20世纪70年代，爱尔兰的酿酒厂所剩无几，处境艰难，只剩下两家规模大、质量高的酿酒厂，那就是布什米尔和尊美醇，是它们让爱尔兰的威士忌旗帜一直飘扬。而此时，其他国家和产区的酿酒厂正在对威士忌生产原料和工艺不断进行调整，以适应威士忌饮用者的习惯。

20 世纪 80 年代的复兴之路

事情在1987年开始发生变化，当时爱尔兰商人约翰·帝霖（John Teeling）和他的两个儿子，买下劳斯郡一个不起眼的马铃薯酒精厂并改造成了生产威士忌的库利酿酒厂。约翰·帝霖在尊重“传统的”爱尔兰威士忌酿造方法的同时，不断创新，突破爱尔兰威士忌的界限，将发芽大麦和未发芽大麦进行混合发酵，不使用三重蒸馏，而采用了苏格兰威士忌的酿造方法，只用二次蒸馏。他们还决定酿造一个世纪以来爱尔兰酿酒厂从来没有做过

爱尔兰威士忌曾经有过辉煌的过去，但是到 20 世纪 70 年代末，它面临着艰难的处境。

的产品——泥煤威士忌。从一开始，库利就是一家富有创造力和有趣的威士忌酿酒厂，而其他爱尔兰酿酒师也从这里找到许多灵感。

进入千禧年

2010年，库利酒厂的拥有者重新开放了基尔伯根（Kilbeggan）酿酒厂，这是爱尔兰仍然在运转的最古老的酒厂。第二年，帝霖以9500万美元的价格把他们的酒厂卖给占边。很明显，这些成功人士意识到了爱尔兰威士忌的发展潜力。

从那时起，爱尔兰几乎每周都有一家酿酒厂开张。一些“大财团”，如历史悠久的图拉莫尔（Tullamore）酿酒厂在1954年关闭，之后被苏格兰的威廉·格兰特（William Grant）父子买下并于2014年重新开张。至于“微型”酒厂，如奇林维尔和北爱尔兰利特里姆县的工棚（Shed）酿酒厂都采用了精酿工艺。两家公司都生产杜松子酒，并把自己定位为“普通游客和威士忌爱好者的旅游目的地”。

2015年，回到了爱尔兰威士忌复兴的起点，帝霖家族加入了这场竞争，在都柏林创建了帝霖酿酒厂。

他们是怎么做到的?

爱尔兰威士忌曾经使用的单一壶式蒸馏，现在应用更加广泛。

一些酿酒厂，例如帝霖、康诺特（Connacht）、工棚和丁格尔正在重振单一壶式蒸馏——在某些情况下，他们也在生产“传统”的单一麦芽威士忌，而其他公司专门生产二次蒸馏或三重蒸馏的单一麦芽威士忌。许多新的酿酒厂在等待自己的威士忌熟成期间，装瓶并销售在大型的威士忌酿酒厂里酿造的威士忌。爱尔兰威士忌酿造业曾经是一个庞大的行业，如今成为产品多元化发展的典范。

◀ 帝霖家族在都柏林新建的帝霖酿酒厂，于2015年开业，目标是每年生产威士忌500000升。

品鉴 13/20

"现代"爱尔兰威士忌

单一壶式蒸馏威士忌在爱尔兰流行了几个世纪。如今威士忌的风格更加多样化，各种类型的爱尔兰风格威士忌值得去尝试，因为它已突破了传统的界限。

方法说明

这次品鉴的样品来自库利、尊美醇和帝霖三家酿酒厂，它们代表了"现代"爱尔兰威士忌（在撰写本书时，许多"新"爱尔兰威士忌还在熟成中）。这些威士忌标志着不同的创新风格正在被人们接受。

品鉴训练

其中有一款"传统"的单一壶式蒸馏威士忌，是在橡木桶和栗木桶中交替熟成的。这会对你的口味有何影响？其他三款也有助于你对"爱尔兰"威士忌有新的理解，这四款酒反映了爱尔兰威士忌发生的变化。

这四款酒反映了爱尔兰威士忌发生的变化。

（Teeling Single Grain）帝霖单一谷物威士忌

单一谷物威士忌

46%ABV

如果你找不到这款酒，可以用基尔伯根（Kilbeggan）8年威士忌

酒体 2

这是目前爱尔兰仅存的两家拥有熟成谷物威士忌的酿酒厂之一。

金稻色

轻，柑橘。棉花糖，香草和一点点肉桂味

鼻子似乎没有闻到任何水果的香气。只有水果的酸度和白巧克力味

似乎会永远保留着的柑橘味的余味

风味图

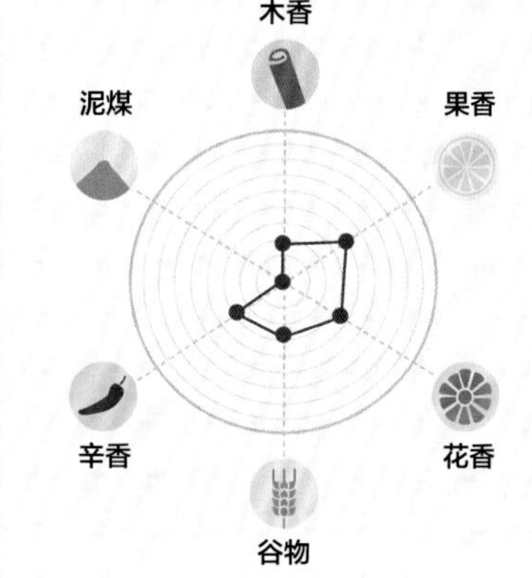

喜欢这样的酒吗？试试方法与疯狂单一谷物威士忌

（Method and Madness SPS） **方法与疯狂SPS**	（Knappogue Castle 12YO） **奈普格城堡12年**	（Connemara Peated Irish Whiskey） **康尼马拉泥煤**
单一壶式蒸馏威士忌 46%ABV	单一麦芽威士忌 40%ABV	单一麦芽威士忌 46%ABV
如果你找不到这款酒，可以用绿点巴顿（Green Spot Léoville）波尔多桶最终熟成威士忌	**如果你找不到这款酒，**试试帝霖单一麦芽威士忌	**如果你找不到这款酒，**试试布纳哈本托奇（Bunnahabhain Toiteach）威士忌
酒体 3 先在波本和雪莉桶中熟成，然后在法国栗木酒桶中熟成。	**酒体** 2 这种威士忌是在建于15世纪的奈普格城堡里的酒桶中熟成的。	**酒体** 4 一个多世纪来，爱尔兰生产的第一种泥煤单一麦芽威士忌。
金黄色	**淡稻草色**	**淡金色**
烤梨和丁香，糖果，烧焦的红糖和桂皮味	**容易入口的香草**和柑橘，略带坚果、一点杏仁蛋白软糖味	**烤焦的苹果派味，**轻微的泥煤烟味，甜蜜，麦芽味
菠萝、桃子和猕猴桃味，然后是香草和干果味	**柔软，甜美的水果**和精致的香料，还有一点红糖的味道	泥煤味更加明显，还有花香和一丝薄荷味
持久，余味悠长，一种清新的酸性口感	**持久、诱人**的奶油口感	泥煤味长而浓，很干
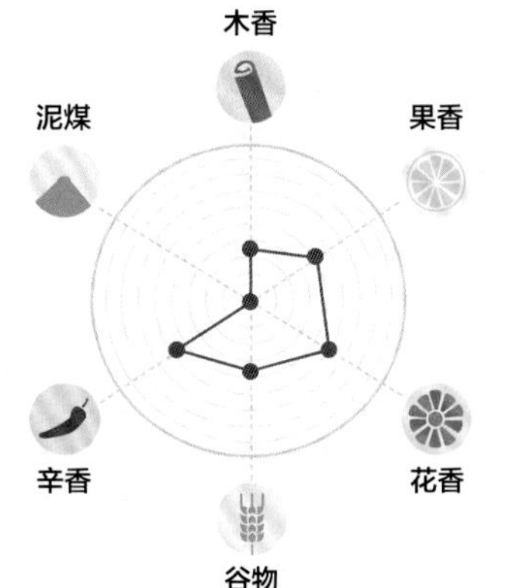	木香 果香 花香 谷物 辛香 泥煤	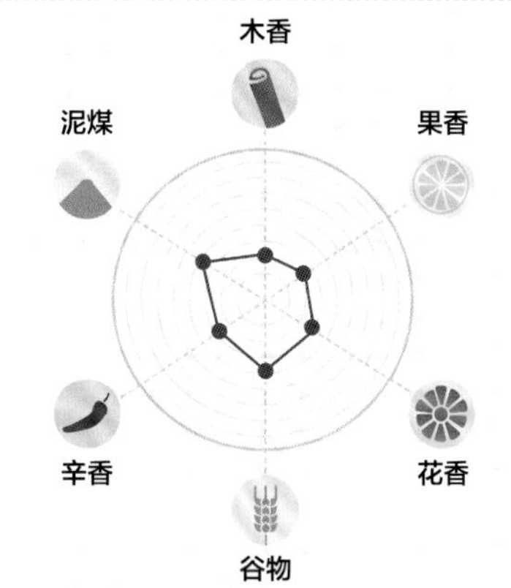
喜欢这样的酒吗？试试鲍尔斯约翰巷（Powers John's Lane）威士忌	**喜欢这样的酒吗？**试试奈普格城堡16年威士忌	**喜欢这样的酒吗？**试试康尼马拉12年威士忌

北美

了解北美威士忌必须从美国肯塔基州开始。肯塔基州是波本威士忌的故乡，是世界上最大的威士忌生产基地之一。这里也是了解威士忌新世界（新大陆）的完美起点。

下一站则是田纳西州，这里是美国另一个威士忌的龙头产区。然后去美国西部、中部和东部（左图是纽约市的布鲁克林大桥），最后我们向北走，去加拿大看看？

这一部分介绍了北美产区，包括波本威士忌、玉米威士忌、黑麦威士忌、小麦威士忌、调和威士忌等。接下来还将介绍不断发展的微型酿酒厂的情况，去看看它是如何既保留了传统的威士忌酿造技术，同时又打破了威士忌的界限，以及如何酿造和熟成的。

肯塔基州

可以肯定的是，肯塔基州是波本威士忌的诞生地，也是美国威士忌产量最高的州。

首次生产威士忌的时间：
18 世纪中叶

威士忌的主要种类： 波本威士忌，玉米威士忌，黑麦威士忌，小麦威士忌

主要的酿酒厂：
- 水牛足迹（法兰克福）
- 四玫瑰（劳伦斯堡，Lawrenceburg）
- 天堂山（巴兹敦）
- 占边（克莱蒙特，Clermont）
- 野火鸡（劳伦斯堡）

威士忌酿酒厂的数量： 约70家

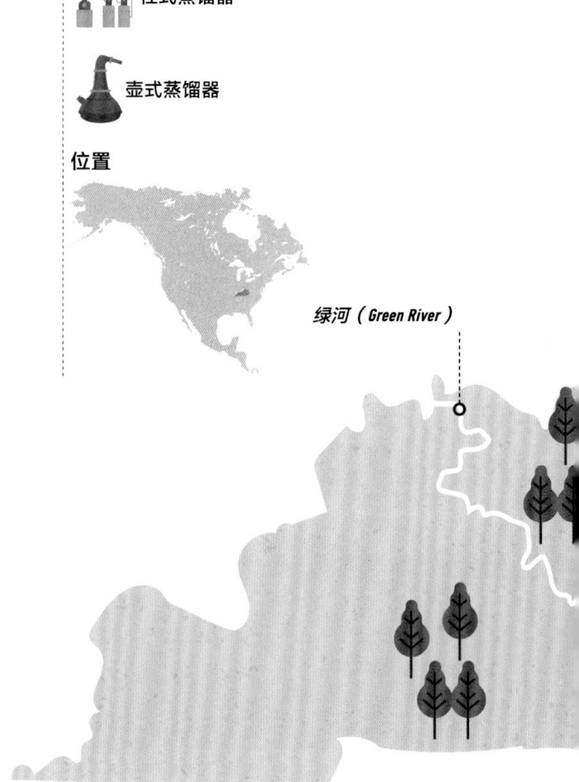

位置

肯塔基州与七个州接壤，其中包括同为威士忌之乡的田纳西州。

该州的气候从北向南略有不同，但普遍都是温暖的亚热带气候。它不像密西西比州或亚拉巴马州那样炎热，但在冬天比密歇根州和宾夕法尼亚州要暖和。这里的水资源非常丰富，所有肯塔基州的河流都要流入密西西比河。肯塔基州是一个绿色、富饶的州，有着悠久的农业历史，尤其是玉米的种植。

▲ 肯塔基州几乎一半的地方都是森林，气候温暖湿润，是酿造和陈酿威士忌的理想之地。

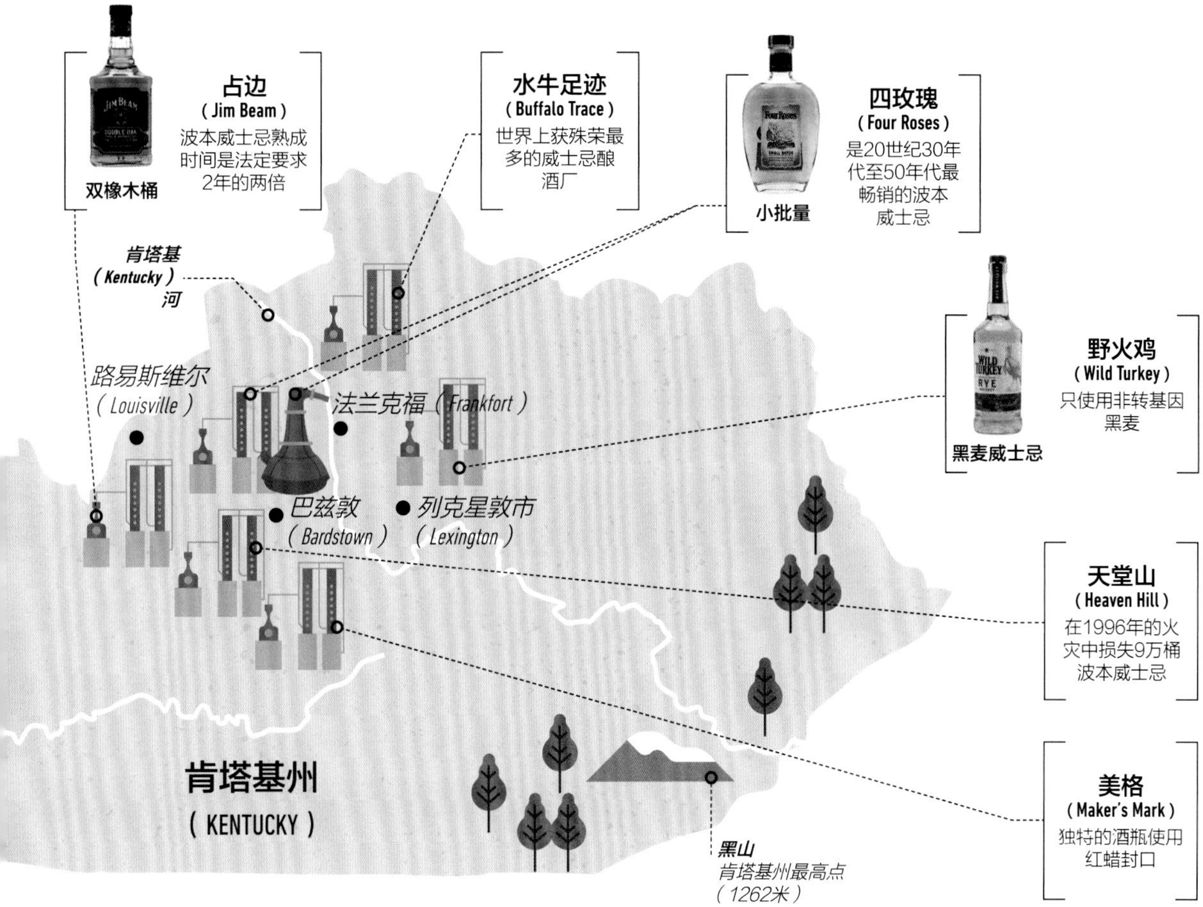

占边
（Jim Beam）
波本威士忌熟成时间是法定要求2年的两倍
双橡木桶

水牛足迹
（Buffalo Trace）
世界上获殊荣最多的威士忌酿酒厂

四玫瑰
（Four Roses）
是20世纪30年代至50年代最畅销的波本威士忌
小批量

野火鸡
（Wild Turkey）
只使用非转基因黑麦
黑麦威士忌

天堂山
（Heaven Hill）
在1996年的火灾中损失9万桶波本威士忌

美格
（Maker's Mark）
独特的酒瓶使用红蜡封口

肯塔基（Kentucky）河

路易斯维尔（Louisville）

法兰克福（Frankfort）

巴兹敦（Bardstown）

列克星敦市（Lexington）

肯塔基州
（KENTUCKY）

黑山
肯塔基州最高点（1262米）

酿酒厂

直到21世纪初，肯塔基州只有屈指可数的几家威士忌酿酒厂。

但是，像水牛足迹和天堂山一样，它们各自生产了大量不同品牌的瓶装酒，这可能会给人一种威士忌制造商比实际数量更多的印象。今天，席卷全球的精酿威士忌浪潮也在肯塔基州留下了印迹。现在，肯塔基州有70多家独立的酿酒厂，有的已经全面投产，有的正在建设之中。

▲ **占边**在1795年开始销售老杰克比姆（Old Jake Beam）威士忌，是以公司创始人雅各布·比姆（Jacob Beam）名字命名。

背景

自从欧洲殖民者在18世纪后期到达肯塔基州，威士忌就一直在这里酿造生产。

由于玉米在全州范围内都有种植，收获后有大量的玉米可以用来酿造玉米威士忌。橡木桶不仅仅可以储藏还可以陈酿。玉米威士忌是波本威士忌的前身，除苏格兰威士忌之外，波本威士忌现在是世界上出口量最大的威士忌。肯塔基州大多数的酿酒商都是白手起家的，例如1773年建造的美格酿酒厂。

位置

田纳西州的酿酒厂主要集中在西部的纳什维尔、东部的诺克斯维尔和南部的费耶特维尔（Fayetteville）附近。

田纳西州的亚热带湿润气候与肯塔基州相似，但夏季和冬季的温度要比后者高几度。它是一个农业和制造业发达的地区，出口牛、家禽，生产交通工具和电器设备。汹涌的密西西比河与该地区西部接壤，阿帕拉契山脉环绕该州东部。

▲ **纳什维尔**被称为美国的“乡村音乐之都”，同时也是田纳西威士忌的生产中心。

田纳西州

除了杰克·丹尼威士忌外，你还知道哪些田纳西威士忌？

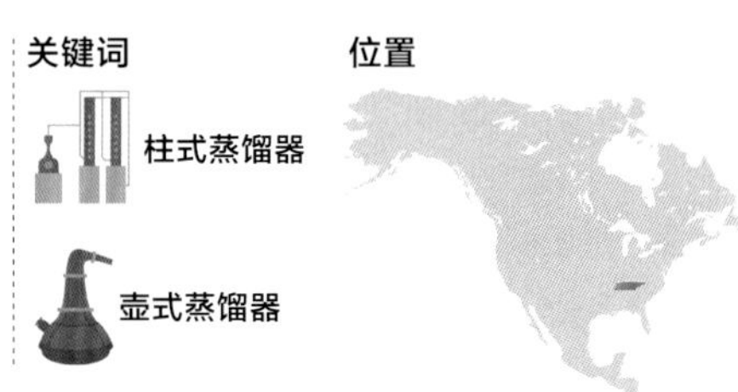

首次生产威士忌的时间：
18 世纪后期

威士忌的主要种类：田纳西威士忌、波本威士忌、玉米威士忌、黑麦威士忌、小麦威士忌

主要的酿酒厂：
- 杰克·丹尼（林奇堡，Lynchburg）
- 乔治·迪科尔（图拉荷马，Tullahoma）
- 本杰明·普里查德（凯尔索，Kelso）
- 海盗船（纳什维尔）
- 纳尔逊格林布雷（纳什维尔）

威士忌酿酒厂的数量：约30家

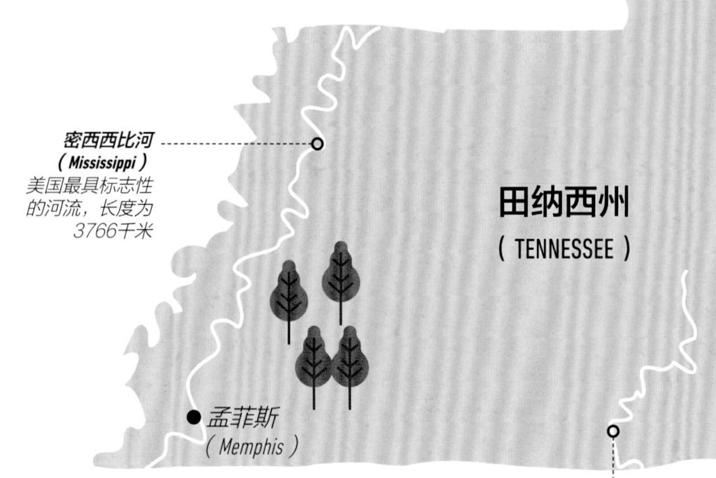

酿酒厂

田纳西州仅有两家后禁酒令时期的酿酒厂——杰克·丹尼和乔治·迪科尔，现在大约有30多家酿酒厂。

多数都是全新的精酿威士忌酿酒厂。在2013年，林肯郡规定，田纳西州威士忌必须经过枫木炭过滤，才能冠以田纳西州威士忌的名称。讽刺的是，田纳西州唯一不受此规定约束的威士忌制造商是本杰明·普里查德酿酒厂（出于复杂的法律原因），实际上它也是唯一一家在林肯郡的酿酒厂。

▲ **杰克·丹尼**的炭炉。酿酒厂现场燃烧枫木来制作木炭过滤威士忌。

背景

居住在田纳西州的欧洲移民与在邻近的肯塔基州定居的是同一批人。

但他们酿造威士忌的机遇却不相同。田纳西是美国第一个禁止生产威士忌的州，从1909年（即禁酒令生效前10年）开始直到1939年（即禁酒令生效6年后）才合法化。杰克·丹尼的酿酒厂一年后重新开张，1958年乔治·迪科尔酿酒厂重新开张。1997年本杰明普里查德酿酒厂重新开张，随后，新的精酿酿酒厂推动了该州威士忌制造业的繁荣。

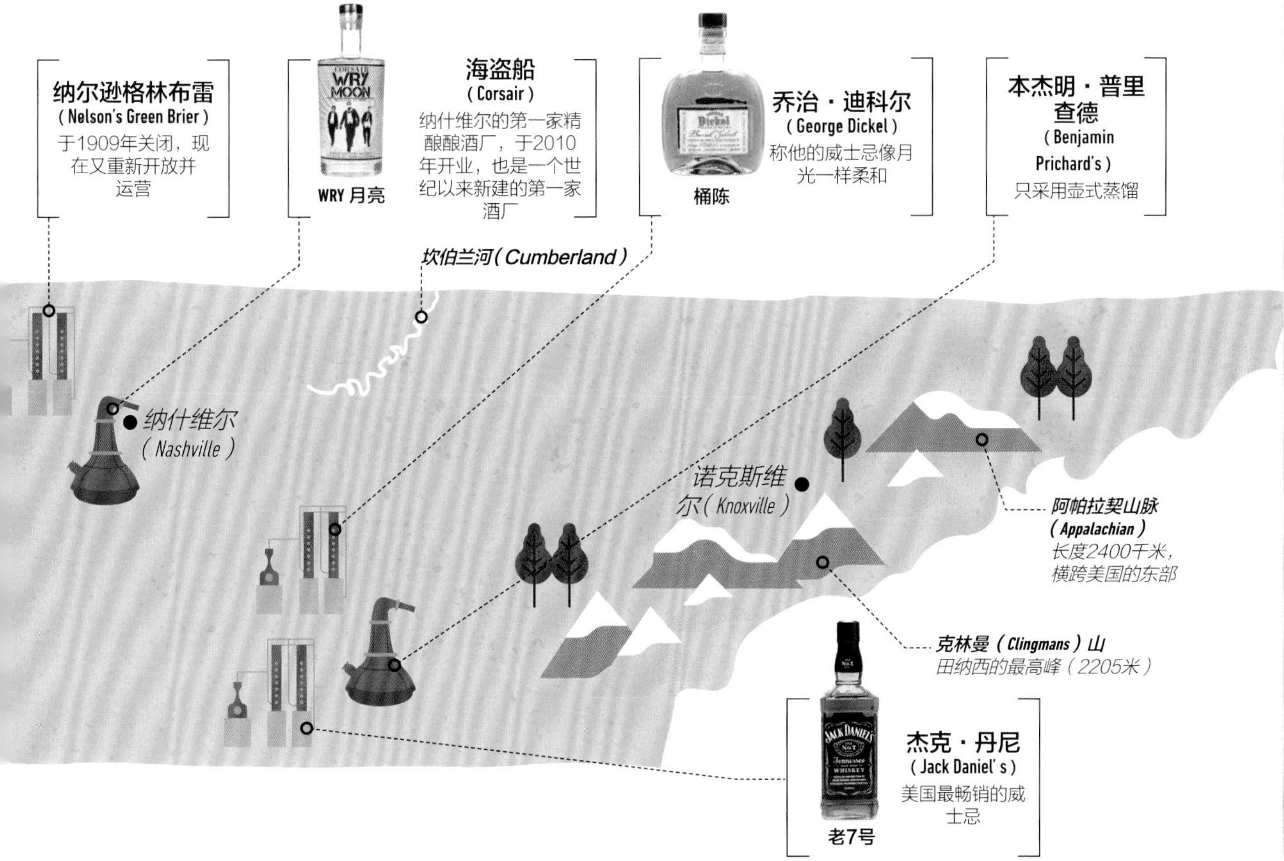

纳尔逊格林布雷
（Nelson's Green Brier）
于1909年关闭，现在又重新开放并运营

海盗船
（Corsair）
纳什维尔的第一家精酿酿酒厂，于2010年开业，也是一个世纪以来新建的第一家酒厂

WRY 月亮

乔治·迪科尔
（George Dickel）
称他的威士忌像月光一样柔和

桶陈

本杰明·普里查德
（Benjamin Prichard's）
只采用壶式蒸馏

坎伯兰河（Cumberland）

纳什维尔（Nashville）

诺克斯维尔（Knoxville）

阿帕拉契山脉（Appalachian）
长度2400千米，横跨美国的东部

克林曼（Clingmans）山
田纳西的最高峰（2205米）

杰克·丹尼
（Jack Daniel's）
美国最畅销的威士忌

老7号

美国西部

提起威士忌，美国西部可能不会浮现在人们脑海中。在此将加利福尼亚州、华盛顿州、犹他州和俄勒冈州地区的酿酒厂列入西部威士忌产区。

首次生产威士忌的时间：
18 世纪 90 年代

威士忌的主要种类： 单一麦芽威士忌、波本威士忌、玉米威士忌、黑麦威士忌、小麦威士忌

主要的酿酒厂：

- 哈特林公司（加利福尼亚州）
- 圣·乔治烈酒（加利福尼亚州）
- 飞蝇钩（华盛顿州）
- 西部高地（犹他州）
- 清溪酒厂（俄勒冈州）

威士忌酿酒厂的数量： 约230家

清溪酒厂
（Clear Creek）
生产泥煤单一麦芽威士忌等

埃德菲尔德酿酒厂
（The Edgefield Distillery）
成立于1998年

圣·乔治烈酒
（St George Spirits）
也生产苦艾酒和其他酒

单一麦芽威士忌

哈特林公司
（Hotaling and Co.）
生产很少的黑麦蒸馏威士忌

飞蝇钩
（Dry Fly）
生产伏特加、杜松子酒和威士忌

波本101

西部高地
（High West）
是禁酒令后犹他州的第一家合法酿酒厂

关键词

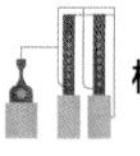
柱式蒸馏器

壶式蒸馏器

位置

位置

美国西部位于太平洋以东，落基（Rocky）山脉以西。

这是一个面积超过180万平方千米的广袤地区，拥有不同的景观和多样气候，从内陆沙漠、北部温带森林到南部热带海岸线及郁郁葱葱的平原和山谷。越来越多的美国西部酿酒厂集中在美国北部的西雅图和波特兰等主要城市，再往南延伸到旧金山和洛杉矶，许多威士忌酿酒厂（有几个例外）的生产基地就在太平洋海岸线附近。

▶ **旧金山**及其周边湾区是近20家威士忌酿酒厂的所在地。

酿酒厂

美国西部没有仍在运营的老酿酒厂，禁酒令期间它们都关闭了。

但在不屈不挠的美国人的推动下，威士忌酿造商又重新开始了。1982年，旧金山走在了前面，圣·乔治烈酒公司自称是“禁酒令以来美国第一家微型酿酒厂”。其他老牌的微型酿酒厂包括旧金山的锚酿酒厂（现更名为哈特林公司）和俄勒冈州的埃德菲尔德酿酒厂，它们在2000年后爆发的精酿威士忌浪潮之前，就已经开始酿造了。

▲ **西部高地的“约会（Rendezvous）黑麦威士忌”**是一款屡获殊荣的黑麦威士忌，其口感辛香但柔滑。

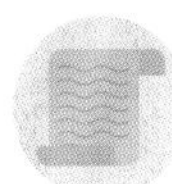

背景

美国西部各州从来不是生产威士忌的主要地区，酿造烈酒所需要的谷物来自东部。

禁酒令期间，曾关闭了这里所有的威士忌酿酒厂。现在，着眼于未来，这里没有传统的威士忌工艺束缚，当地的酿酒师就可以在一张白纸上书写新的历史。

他们在酿造“不太可能”的威士忌——如美国单一麦芽威士忌。今天，这个地区正在酿造美国最具创新性和最令人兴奋的威士忌。

美国中部

一些最令人兴奋和有趣的威士忌来自美国中部各州，我们来看看得克萨斯州、阿肯色州、伊利诺伊州、威斯康星州和密苏里州，并找出原因。

首次生产威士忌的时间： 18 世纪 90 年代

主要的威士忌种类： 波本威士忌、黑麦威士忌、单一麦芽威士忌

主要的酿酒厂：
- 贝尔康斯（韦科，Waco，得克萨斯）
- 罗克镇（小岩城，Little Rock，阿肯色州）
- FEW（埃文斯顿，Evanston，伊利诺伊州）
- 五大湖（密尔沃基，威斯康星州）
- 霍拉迪（韦斯顿，Weston，密苏里州）

威士忌酿酒厂的数量： 约140家

位置

这个区域中的各州景观各异，面积超过130万平方千米。

此区北部气候温和，南部为亚热带湿润气候。中部各州经常受到极端天气事件的影响，如龙卷风；而南部沿海各州则会经历周期性飓风。共同特点为土地肥沃，地势平坦，经济以农业为基础，例如，伊利诺伊州、威斯康星州、密苏里州和明尼苏达州是美国主要的玉米产区，也是美国玉米种植带的一部分，因此当地生产的玉米威士忌数量相当可观。

▶ **这个地区常有强烈的龙卷风。**它们会严重破坏小麦、黑麦和其他生产威士忌农作物的生长。

酿酒厂

与美国其他地方一样，这个地区的威士忌历史深受禁酒令的影响。

密苏里州可能是一个例外，它靠近传统的威士忌产区——肯塔基州和田纳西州。霍拉迪酿酒厂在密苏里州的韦斯顿，自1856年以来，曾有过不同的名称且被不同的所有者经营。如今，得克萨斯州主要的酿酒厂有50多家。而密苏里州、明尼苏达州和伊利诺伊州是酿造精酿威士忌的热门地区。许多规模较小的酿酒厂的产品只在当地销售。

▲ **凯丽·内森（Carrie Nation，1846—1911）**是得克萨斯州著名的禁酒主义者，她最有名的事迹是拿着斧头把酒吧砸了。

背景

在禁酒令之前，禁酒运动在这些州中占据主导地位。

即使在今天，在得克萨斯州和阿肯色州仍然有几个县禁止出售酒精饮料。一般来说，美国的“干旱”县集中在中部各州，涉及1800万居民。这些州的酿酒师和其他美国威士忌酿酒师一样特别具有创新精神。得益于酒精许可费用降低，特别是国家和州对小批量酿造者的管制放松，目前的美国精酿威士忌得以蓬勃发展。

美国东部

美国东部酿造威士忌的历史悠久，我们看看纽约州、弗吉尼亚州、宾夕法尼亚州还有印第安纳州，看看在北美的偏远地区发生了什么。

首次生产威士忌的时间：
18 世纪初期

主要的威士忌种类：波本威士忌、黑麦威士忌、单一麦芽威士忌

主要的酿酒厂：
- 图西尔镇（加德纳，Gardiner，纽约州）
- 史依兹·安贝勒（麦克斯韦尔顿，Maxwellton，西弗吉尼亚州）
- A. 史密斯·鲍曼（弗雷德里克斯堡，Fredericksburg，弗吉尼亚州）
- 老爹帽（布里斯托尔，Bristol，宾夕法尼亚州）
- MGP（劳伦斯堡，Lawrenceburg，印第安纳州）

威士忌酿酒厂的数量：约200家

关键词

柱式蒸馏器

位置

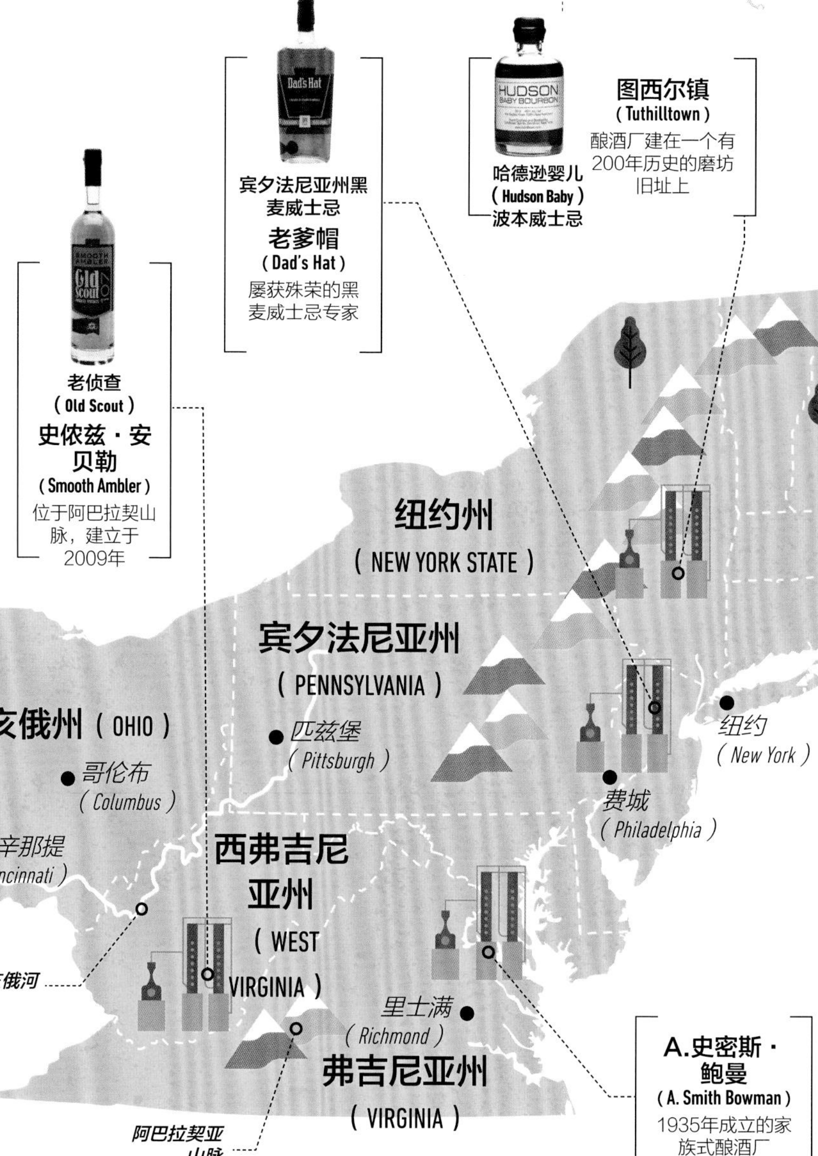

位置

美国东部历史悠久，人口众多，历史上比中西部地区的工业发达。

像纽约、波士顿、华盛顿和费城等历史悠久的城市都在东海岸。这里的气候与苏格兰和爱尔兰相似，使这个地区适合酿造威士忌。这个地区北部较冷，有森林和曲折的海岸线，中部属于温带，南部属于热带，佛罗里达州地势低洼，沼泽丛生。阿巴拉契亚山脉是北美洲东部巨大的山脉，它贯穿了美国东部的大部分地区，一直延伸到加拿大。

▶ **纽约市**至少有10家威士忌酒厂，并且大部分都位于布鲁克林和曼哈顿这样“时尚”的地方。

酿酒厂

黑麦威士忌的生产始于18世纪早期的宾夕法尼亚州和马里兰州。

今天，这两个地区又重新激发了人们对这种经典、辛香口感威士忌的兴趣，如在宾夕法尼亚州布里斯托尔的老爹帽酒厂。弗吉尼亚州和西弗吉尼亚州是威士忌之都肯塔基州的邻居，这两个州都是酿酒厂的聚集地，2000年以来，新酿酒厂不断涌现。再往北，纽约图西尔镇酿酒厂出产了哈德逊威士忌，也一直在生产黑麦威士忌、玉米威士忌、波本威士忌和麦芽威士忌，引人注目。

▲ **哈德逊**的婴儿波本威士忌和纽约玉米威士忌都是用当地种植的谷物酿制而成。

背景

1640年，荷兰移民在纽约创建了第一家酿酒厂，生产杜松子酒。

当英国人在1664年接管时，朗姆酒成为受欢迎的烈酒，美国独立后威士忌受人喜爱。再往南，总统乔治·华盛顿于1797年在弗吉尼亚州的弗农山建立了一座威士忌酿酒厂。在接下来的150年里，税收限制、内战和禁酒令阻碍了美国酒精饮料的生产。这段历史催生了一些新的传统的小规模酿酒厂，以及创新的威士忌酿造方法。

品鉴 14/20 美国精酿威士忌

现在我们品鉴来自美国一些新酿酒厂的产品，他们位于非传统的威士忌酿造区域。究竟什么是“美国”威士忌？它们的味道有什么特点？

方法说明

从这四款新式威士忌中，如果要选出哪一款可以代表新式美国威士忌，的确是一件不容易的事情。但是，会让我们对一些规模很小但更有创意的威士忌酿造商所生产的威士忌有一个很好的了解。这些产品的数量正在逐年递增。

品鉴训练

你能否通过品鉴，认识到这些新式威士忌的发展趋向？它们的味道和口感同“传统”美国威士忌不分上下，但希望你能辨别出它们的独到之处。加利福尼亚州波本威士忌吗？美国单一麦芽威士忌吗？规模较小的酿酒厂已经摆脱了束缚，开始采用新的生产方式。

酿酒厂已经摆脱了束缚，
开始采用新的生产方式。

（Sonoma Distilling Bourbon）索诺玛蒸馏波本

波本威士忌

加利福尼亚州
46%ABV

如果你找不到这款酒，可以用飞蝇钩波本威士忌

酒体	
3	自2010年开始运营，使用传统的铜壶式蒸馏器蒸馏而成。

金黄色

奶油苏打、浓缩的烤覆盆子酱、樱桃、新鲜罗勒叶气味

樱桃可乐、薄荷、黑胡椒、丁香味

香辛料，甜美的香草，余味中等长度

风味图

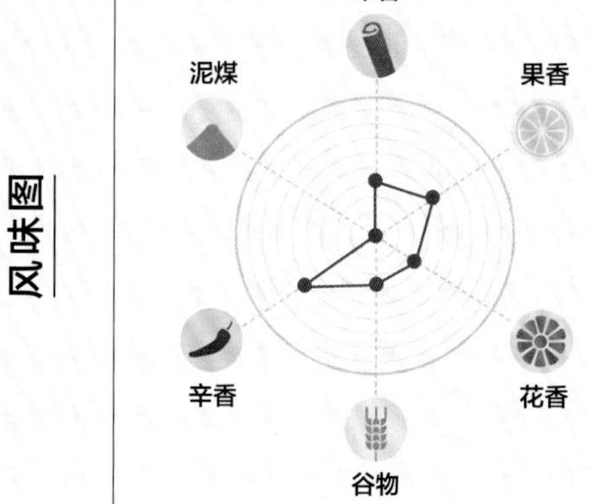

喜欢这款酒吗？试试老菲茨杰拉德（Old Fitzgerald）波本威士忌

（Balcones No.1 Single Malt）贝尔康斯1号单一麦芽

单一麦芽威士忌

得克萨斯州，韦科
53%ABV

如果你找不到这款酒，可以用瓦斯蒙德（Wasmund）单一麦芽威士忌

酒体
4

禁酒令后得克萨斯州的第一家威士忌酿造商，使用手工制作的壶式蒸馏器。

金琥珀色

具有肉味和咸味，辛香，甜美，烤龙蒿气味

醇厚，令人满意的，朗姆酒和淋有PX雪莉酒的葡萄干冰激凌味

烟熏蜂蜜，焦橙皮，余味长且干

木香
泥煤
果香
辛香
花香
谷物

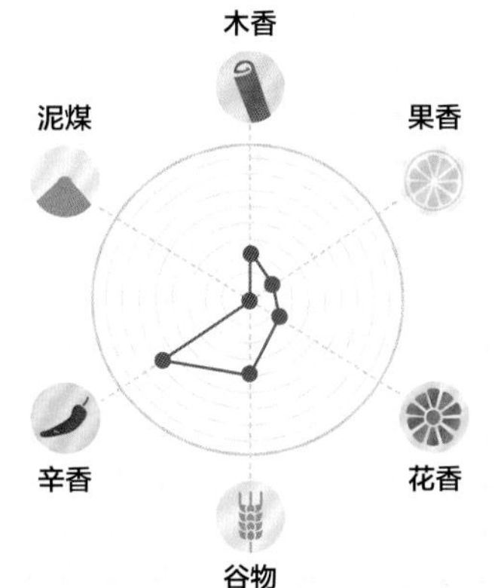

喜欢这款酒吗？试试雅伯莱原酒（Aberlour A'bunadh）

（Hudson Manhattan Rye）哈德逊曼哈顿黑麦

黑麦威士忌

纽约州，加德纳
46%ABV

如果你找不到这款酒，可以用救赎（Redemption）黑麦威士忌

酒体
5

哈德逊威士忌来自纽约图西尔镇酿酒厂，始建于2005年。

锈琥珀色

芳香的，辛香的梨，雪茄烟味

浓郁的香料，烧焦苹果派配上肉桂奶油，烤橘皮味

长，干，醇厚，余味令人非常满意

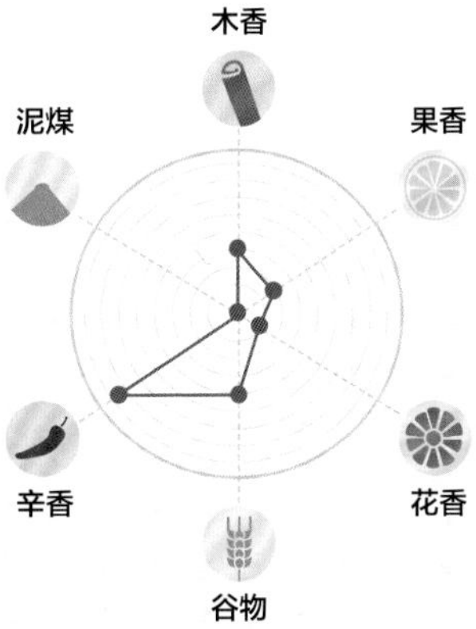

木香
泥煤
果香
辛香
花香
谷物

喜欢这款酒吗？试试杰克·丹尼小批量黑麦威士忌

（Westland Peated）韦斯特兰泥煤

单一麦芽威士忌

西雅图
46%ABV

如果你找不到这款酒，可以用麦卡锡俄勒冈州泥煤麦芽（McCarthy's Peated Oregon Malt）威士忌

酒体
4

美国唯一一家只专注于生产单一麦芽威士忌的酿酒厂。

金稻色

泥煤，包裹着橙皮，少许丁香和肉桂味

辛香，烟熏梨，配上薄荷和白巧克力片味道的热馅饼味

余味悠长，干，轻微的烟熏，平衡感很好

木香
泥煤
果香
辛香
花香
谷物

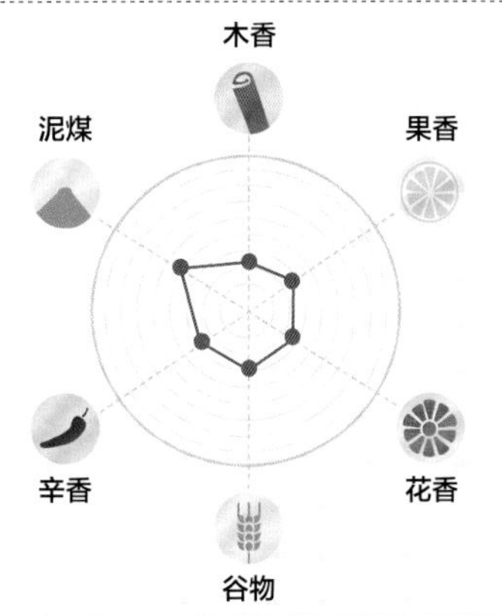

喜欢这款酒吗？试试卡尔里拉（Caol Ila）12年威士忌

加拿大

作为威士忌的一个产区，在北美的加拿大经常被忽视。然而，这个幅员辽阔的国家有着悠久的蒸馏历史，并生产优质的威士忌。

首次生产威士忌的时间：18 世纪末

主要的威士忌种类：加拿大黑麦威士忌，调和威士忌，单一麦芽威士忌

主要的酿酒厂：

- 阿尔伯塔酿酒厂（阿尔伯塔省，Alberta，卡尔加里，Calgary）
- 加拿大俱乐部酒厂（安大略省，Ontario，温莎，Windsor）
- 四十溪酿酒厂（安大略省，Ontario，格里姆斯比，Grimsby）
- 金利酿酒厂（曼尼托巴省，Manitoba，吉姆利，Gimli）
- 格伦诺拉酿酒厂（新斯科舍省，Nova Scotia，格伦维尔，Glenville）

威士忌酿酒厂的数量：约50家

位置

加拿大的领土面积居世界第二，然而加拿大60%的地方属于亚北极地区。

加拿大这种寒冷的国家是酿造威士忌的理想之地，在加拿大西部，除了威士忌所需的农作物黑麦外，不适合其余农作物生长，这种谷物在寒冷的条件下生长旺盛，所以黑麦威士忌是加拿大主要的威士忌品种也就不足为奇。加拿大东部以阿巴拉契亚山脉、五大湖和哈德逊湾为界，西部为高耸的落基山脉。中间的大平原是这个国家的粮仓，有“面包碗”之称，出产小麦、玉米和油菜籽。

▶ **班夫（Banff）国家公园**位于落基山脉，是一个由山峰、冰川、冰原和森林构成的广阔区域。

酿酒厂

加拿大的威士忌行业，传统上是由少数的几家大型酿酒厂主导。

海洛姆沃克（Hiram Walker）由一个来自美国底特律的商人在安大略省温莎市创建，后来改称加拿大威士忌俱乐部酒厂，并取得巨大的成功，以至于当时市面上出现许多模仿的假酒。如今有了格伦诺拉酿酒厂这样的创新酒厂，其自称自1989年以来酿造了北美的第一款单一麦芽威士忌，品牌名称为格兰·布列塔尼。加拿大还有相当数量的精酿酿酒厂，尤其是在东部新斯科舍省的一些地方。

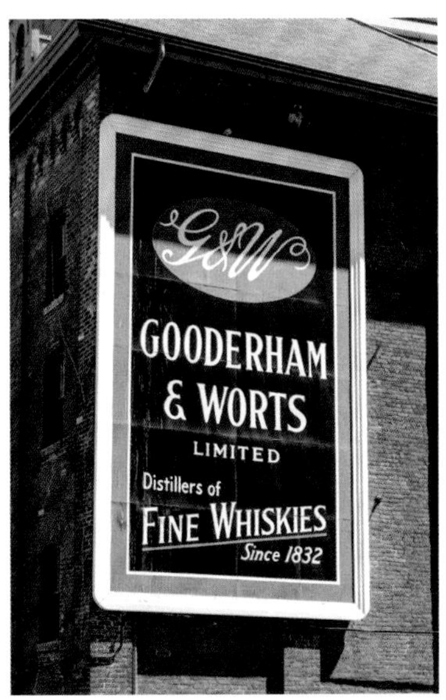

▲ **古德哈姆沃兹（Gooderham & Wort）**曾经是加拿大最大的酿酒厂，其于20世纪90年代停产，但仍是加拿大的一个标志性品牌。

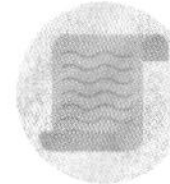

背景

是谁把蒸馏酒带到了加拿大一直是一个有争议的问题，有人说是苏格兰人，也有人说是爱尔兰人。

还有人说是英国人，也可能是德国移民。不管怎样，加拿大威士忌以其更柔和的口感在美国一直很受欢迎。时至今日，加拿大威士忌在美国的销售量仅次于波本威士忌，位列第二。在生产方面不像它的邻国美国一样，加拿大酿酒商分别将黑麦、玉米和小麦等不同的谷物威士忌发酵、蒸馏和陈酿，然后将它们调和，而不是将谷物混合在麦芽汁里。

趣闻轶事

微型酿酒厂

将单词“精酿”（craft）放在威士忌的前面，配上色彩艳丽的标签和精致的瓶子，会让人联想到精明的品牌营销策略。那么什么是“精酿”威士忌？是谁在酿造“精酿”威士忌，究竟什么是微型酿酒厂呢？

▲**斯坦因酿酒厂**（Stein Distillery）位于俄勒冈州的约瑟夫市，2009年开业。酒厂自己种植谷物，用于酿造波本威士忌、黑麦威士忌以及调和威士忌。

概念

虽然这类威士忌还没有法律定义，但从狭义上讲，微型酿酒厂是指小规模的烈酒生产商，按手工工艺进行生产，有的采用当地的有机原料。通常，微型酿酒商是一些威士忌爱好者，他们出于热爱为自己酿酒。有些微型酿酒厂的酿造者是通过自学来酿造威士忌，他们会为酿酒过程带来新的创意。

微型酿酒厂的规模和起源地各不相同。有的只有一个人，有的只是为了爱好（或者希望以此为生）。还有一些小的、大的酿酒厂伺机而动，盘算着怎样从“精酿”威士忌中分一杯羹。

小而美吗?

现在创办一家微型酿酒厂要比以前容易多了。特别在美国，当地的酿酒法律放宽了生产烈酒方面的限制，这给创办微型酿酒厂提供了有利条件。

不像大型商业威士忌酿造商那样受到传统的束缚，微型酿酒厂的工艺更加灵活，他们尝试新的或不常使用的谷物，以此酿造出更具有个性的威士忌。至于销售，一般仅局限于当地，并且只在微型酿酒厂的自有商店买得到。

对于真正的微型酿酒厂来说，它们使用的威士忌生产设备非常简单，一个房间就能放下，而一些规模较大的微型酿酒厂，可以有足够大的仓库。总而言之，“微型”酿酒厂是酿酒师秉承手工酿造以及对传统工艺的传承进行酿酒的地方，这样可能更容易理解。

▲ **飞蝇钩**（Dry Fly），与很多小型酿酒厂一样，也酿造杜松子酒和伏特加。一是对于这种烈酒的喜爱，二是为了在威士忌熟成之前，这些产品可以产生经济效益。通常，从事精酿威士忌的是一些有激情的威士忌爱好者。

创造新的传统

微型蒸馏作为一种时尚潮流的同时，传统的威士忌规则也被有些人摒弃。试想为什么不能在德国酿造单一麦芽威士忌？为什么波本威士忌不能在加利福尼亚州酿造？大胆去尝试吧！但是要务必记住当地的法律和国际商标规则。例如“波本”，只有来自美国的波本威士忌才能冠上这样的标签，“苏格兰”威士忌也是如此。为了安全起见，最好不要在标签上使用“Scotch”，并避免在品牌中写上“Glen”。

通常，微型酿酒厂是威士忌爱好者出于热爱而创建的。

微型酿酒厂中的先锋

这些是世界上最早或最令人兴奋的精酿酒厂及其威士忌品牌：

- 贝尔康斯（Balcones）（美国）：得克萨斯州单一麦芽威士忌
- 秩父（Chichibu）（日本）：泥煤单一麦芽威士忌
- 海盗船（Corsair）（美国）：100%黑麦威士忌
- 科茨沃尔德（Cotswolds）（英国）：单一麦芽威士忌
- 达芙特米尔（Daftmill）（苏格兰）：2006年冬季投放（Winter Release）威士忌
- 普雷伍德（Spreewood）（德国）：鹳俱乐部（Stork Club）黑麦威士忌
- 西部高地（High West）（美国）：约会黑麦威士忌

亚洲

亚洲威士忌，自21世纪以来，产量一直呈上升趋势。日本是威士忌产量增长最快的东方国家，而印度和中国紧随其后。

虽然很大程度上受苏格兰威士忌酿造方法的影响，但亚洲的酿酒师们充分利用了当地的气候和原料，无论是印度出产的喜马拉雅大麦，还是日本产的芳香水楢橡木（有些生长在富士山的山坡上，左图）制成的橡木桶，亚洲威士忌与传统的威士忌有很大的不同之处，创造出了独有的风格。还有处于亚热带气候的中国台湾，那里的气候会促使烈酒迅速成熟。

因此，一系列美味的威士忌抓住了威士忌消费者的心。专家们也公认，亚洲威士忌现在经常在世界各地的大赛中获奖。

日本

日本威士忌被公认是世界上最好的威士忌之一。如今，它的大部分产品与苏格兰和爱尔兰最优质的威士忌齐名。

首次生产威士忌的时间： 1923 年

威士忌的主要种类： 单一麦芽威士忌

主要的酿酒厂：

- 山崎（大阪市）
- 余市（札幌市）
- 白州（北斗市，Hokuto）
- 宫城峡（仙台市）
- 秩父（埼玉市，Saitama）
- 轻井泽（御代田町，Miyota）

威士忌酿酒厂的数量： 64家

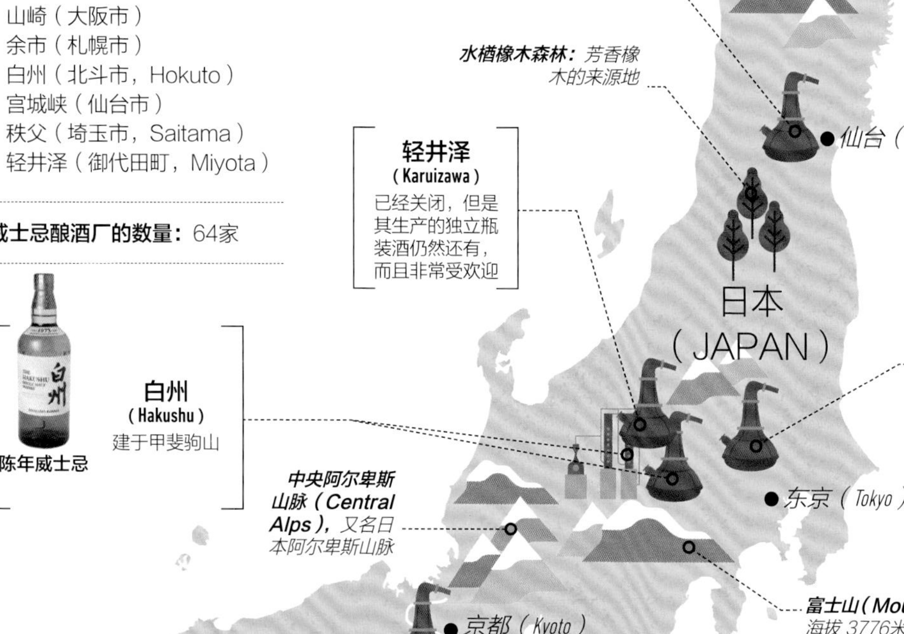

山崎
（Yamazaki）
日本第一家酿酒厂，建于1923年

山崎12年单一麦芽威士忌

关键词

柱式蒸馏器

壶式蒸馏器

位置

日本大约有7000座岛屿，其中四个主要的岛是：本州岛、北海道岛、九州岛和四国岛。

日本大部分地区是山区，除了城市和沿海地区，普遍覆盖着森林。气候相对温暖，从南方温润的亚热带-热带雨林，到北海道凉爽的气候。由于日本处于板块断层地带，会受到地震和海啸的影响。大多威士忌酿酒厂位于本州岛，而一些则接近城市或沿海地区，其他的则“隐藏”在森林中，建在高山地区。

▶ **富士山** 位于中央阿尔卑斯山，是日本的最高峰，也是日本的国家象征之一。

酿酒厂

两家大型酿酒商主导着日本的威士忌行业：一甲（Nikka）和三得利（Suntory），它们各自拥有两家酿酒厂。

这两家酿酒商也有谷物威士忌的生产设备，可以生产单一麦芽威士忌、调和麦芽威士忌和单一谷物威士忌。在苏格兰，酿酒师会换桶来进行调配，而一甲和三得利则不会这么做。由于近年来日本威士忌受到了极大的欢迎，日本还出现了一波新的酿酒浪潮。在新酿酒厂中，秩父是日本威士忌发展的一个典型代表。

▲ **推陈出新。**2014年，白州酿酒厂安装了新的壶式蒸馏器，这是该公司33年来的首次设备升级。

背景

日本相关规定允许生产商在“日本调和”威士忌中加入其他国家的威士忌。

有些人这样做，是为了利用正品带来的良好意愿和宣传效果。大多数成熟和有声望的酒商不再这样做了。事实上，他们正在试图从自身改变这些过时的规定。当你从一个不认识的生产商那里购买标有“日本调和威士忌”的产品时，就要注意了。

品鉴 15/20 日本威士忌

本次品鉴，我们将重点介绍日本两家老牌酿酒厂——一甲和三得利，以及它们著名的单一和调和麦芽威士忌。

方法说明

一甲和三得利生产日本最常见的两种威士忌。三得利有一家酿酒厂酿造山崎威士忌，另外一家生产十分流行的白州威士忌。而一甲旗下有一种以创始人命名的一甲调和麦芽威士忌，还有一款来自余市酒厂的单一麦芽威士忌。

品鉴训练

你发现这几款单一麦芽威士忌之间的区别了吗？山崎是最香甜的，具有丰富的蜂蜜和花的特点。相比之下，白州比较内敛，烟熏味稍浓，有柑橘味。余市是泥煤味最重的。竹鹤是由余市和宫城峡调和而成，是将两家酒厂的威士忌混合在一起的一个很好的范例。

你发现这几款单一麦芽威士忌之间的区别了吗？

白州珍藏威士忌（The Hakushu Distiller's Reserve）

单一麦芽威士忌

日本
43%ABV

如果你找不到这款酒，可以用欧特班（Allt-A-Bhainne）威士忌

酒体 3

白州建于1973年，是世界上产能最大的酿酒厂。

金稻色

柑橘味，甜甜的、微妙的香草和椰子味；烟熏泥煤味

柑橘味，然后是令人口齿发麻的香料味，泥煤烟味缭绕

悠长，多汁的酸味，一股烟味

风味图

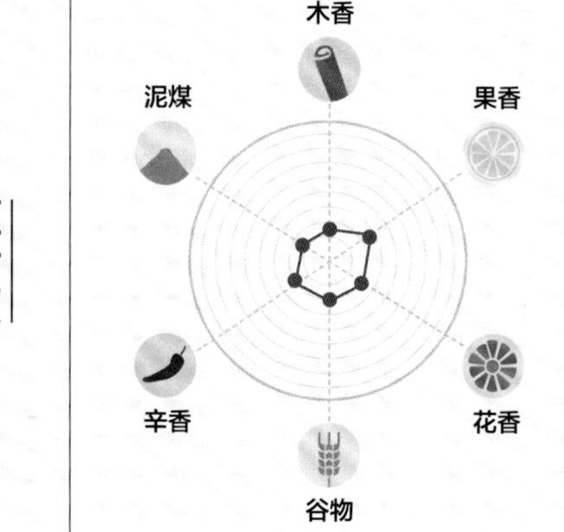

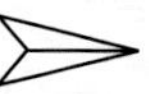

喜欢这款酒吗？试试可蓝（Kilkerran）12年威士忌

（The Yamazaki Distiller's Reserve） **山崎珍藏威士忌** 单一麦芽威士忌 日本 43%ABV	（Nikki Yoichi） **一甲余市** 单一麦芽威士忌 日本 45%ABV	（Nikka Taketsuru Pure Malt） **一甲竹鹤纯麦威士忌** 调和威士忌 日本 43%ABV
如果你找不到这款酒，可以用响和风醇韵（Hibiki Harmony）威士忌	**如果你找不到这款酒，**可以用布纳哈本（Bunnahabhain）12年威士忌	**如果你找不到这款酒，**可以用一甲纯麦黑威士忌
酒体 **3** 日本最古老的威士忌酒厂，建于1923年。	**酒体** **3** 酿酒厂位于北海道，选址的原因是因为这里的气候和地貌类似“苏格兰”。	**酒体** **3** 以日本最有影响力的威士忌人物——竹鹤政孝命名。
金黄色	**淡稻草色**	**淡琥珀色**
香味芬芳，有热带果园香味，一点香草味	**烟熏果树，口感清爽，**有新鲜的酸橙和甜的粉红葡萄柚味	**烟熏火腿味，**橙子、杏酱味，牙买加姜饼和凝结奶油味
粒状蜂蜜和果酱味，桃子和奶油味，少许姜和香料味	**新鲜，烤桃子，白胡椒粉，**还有一点香草味，背景为烟味	**花香**扑鼻，麦片味，烟熏杏仁味，烤棉花糖，香料味
余味悠长，充满辛香，又很复杂	**余味悠长，甜美，**复杂而优雅	**精致**、中等余味，一缕烟味
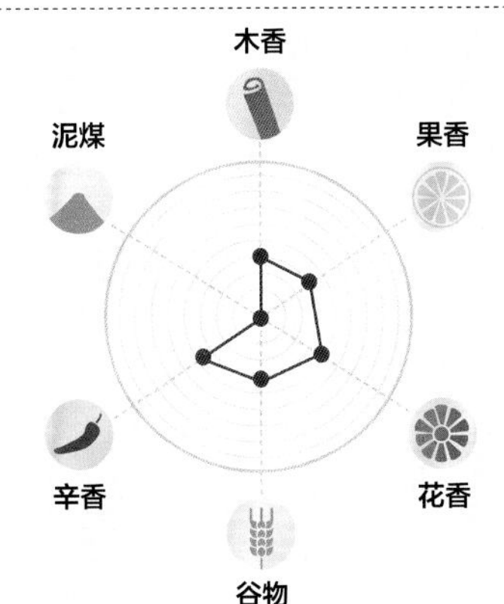	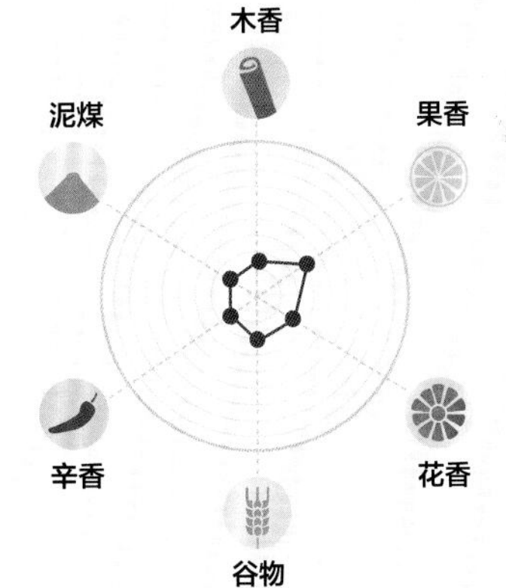	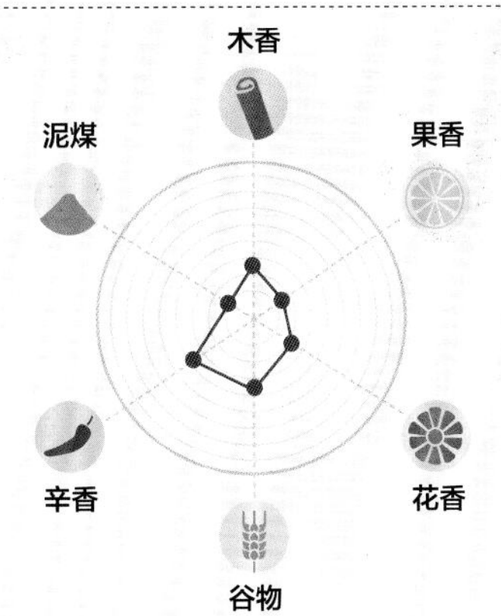
喜欢这款酒吗？试试克莱嘉赫（Craigellachie）13年威士忌	**喜欢这款酒吗？**试试格兰格拉索复兴（Glenglassaugh Revival）威士忌	**喜欢这款酒吗？**试试国王街调和（Great King St Blend）威士忌

趣闻轶事

日本威士忌的崛起

在短短的100年里，日本从没有威士忌，到变成世界上最受尊敬和饱受赞誉的威士忌产地之一，被誉为“日本威士忌教父”的竹鹤政孝和鸟井信次郎功不可没。

▲ **竹鹤政孝，**在日本乃至整个世界的威士忌圈子里，都是一位受人尊敬的人物。在他居住过的余市还有一座他的青铜雕像。

从日本到苏格兰，再回到日本

竹鹤政孝（Masataka Taketsuru, 1894—1979），1894年出生于日本广岛的一个清酒制造家庭。但他痴迷于威士忌，因此加入了摄津酿酒厂（Settsu Shuzo）。

1918年7月，由于了解到竹鹤政孝对威士忌的热情，摄津酿酒厂的总裁派他去苏格兰学习酿酒技术。在格拉斯哥大学学习的短短三年时间里，竹鹤在几家酿酒厂实习期间，获得了宝贵的知识和经验，比如斯佩塞的朗摩（Longmorn）和坎佩尔镇的赫佐本（Hazelburn）。他在格拉斯哥与丽塔·考恩（Rita Cowan）认识并结婚，丽塔是他教柔道时认识的一位年轻男子的妹妹。这对夫妇在1921年回到日本，竹鹤将他在那里学到的知识应用到了日本的酿酒工艺中。

在参与建立了日本第一家麦芽威士忌酿酒厂（见下文）后，竹鹤和丽塔搬到了日本北海道北岛，那里的地貌和气候与苏格兰高地最为相似。

1934年，竹鹤开设了余市（Yoichi）酿酒厂，这家公司后来成为一甲（Nikka）威士忌公司。

日本威士忌的全球影响力

今天日本威士忌的规模和全球影响力，很大程度上要归功于一个人：鸟井信次郎（Shinjiro Torii，1879—1962）。起初，鸟井是药品批发商，懂得蒸馏的化学原理。1899年，他成立了自己的葡萄酒和烈酒公司，但当他看到威士忌带来的商机时，就转向了威士忌酿造。当竹鹤政孝在1921年离开苏格兰回到日本时，鸟井建议他离开摄津酿酒厂。在鸟井的领导下，他们创建了山崎，这是日本第一家麦芽威士忌酿酒厂，于1924年11月11日开始生产。后来两人因意见不合而分道扬镳。

竹鹤最终离开山崎，创办了余市（Yoichi），而精明的企业家鸟井继续着他的事业，建立了今天的全球威士忌超级巨头——三得利（Suntory）。

竹鹤和鸟井两个人奠定的威士忌基础，使日本威士忌发展到今天——让日本生产出世界上最好的威士忌之一。当人们想起日本的威士忌工业发展还不到100年时，他们的成就应该得到更多、更响亮的掌声。

竹鹤政孝和鸟井信次郎两个人，为日本威士忌今天的成功奠定了基础。

▶ **余市单一麦芽威士忌。**酿酒厂将其味道描述为大胆、强劲、有“愉快的泥煤”的，而又有来自其沿海位置的“一丝咸味”。

◀ **山崎（Yamazaki）威士忌**赢得了两个“世界最佳”奖，分别是在2013年和2015年。

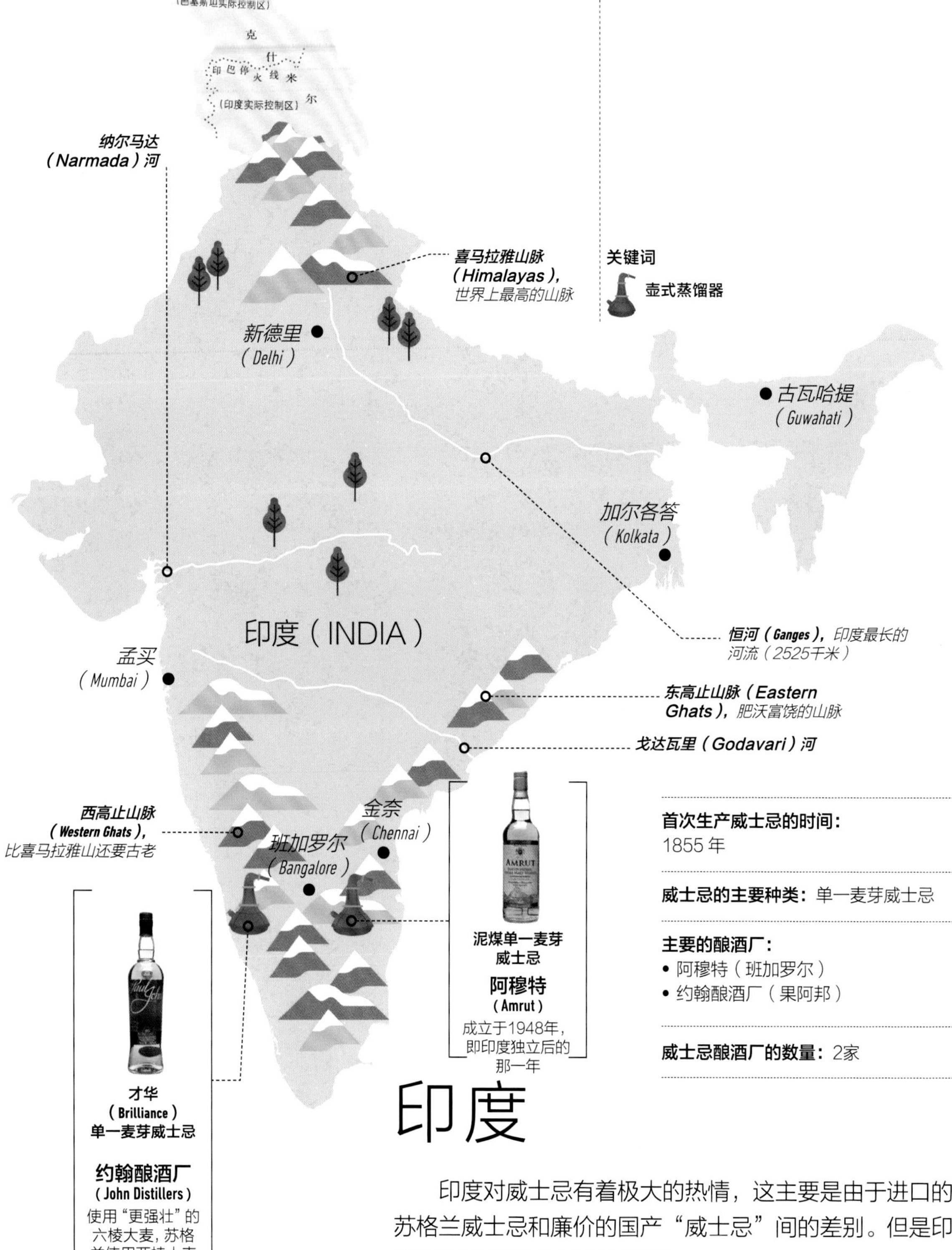

首次生产威士忌的时间：
1855 年

威士忌的主要种类：单一麦芽威士忌

主要的酿酒厂：
- 阿穆特（班加罗尔）
- 约翰酿酒厂（果阿邦）

威士忌酿酒厂的数量：2家

印度

印度对威士忌有着极大的热情，这主要是由于进口的苏格兰威士忌和廉价的国产“威士忌”间的差别。但是印度生产的优质威士忌如何呢？

位置

印度是一个东、西、南三面环海的南亚国家。

印度与巴基斯坦、中国、尼泊尔和孟加拉国等相邻，拥有12亿人口。印度多山脉，喜马拉雅山位于其北部地区。然而，作为一个面积329万平方千米的次大陆，这里也有广阔的沙漠、肥沃的平原，特别是沿恒河和纳尔马达河的水道，以及在季风季节容易发生洪水的低洼沼泽地。这里气候温暖，从北部的温带/寒冷带到南部的热带，可以加速威士忌的熟成。

▶ **圣城瓦拉纳西（Varanasi），**源于印度最神圣的河流——恒河。

酿酒厂

印度的高档威士忌正在崛起，但也有许多冒牌酿酒厂用糖蜜酿造烈酒，然后作为威士忌出售。

在这里，我们将关注印度的两家主要酿酒厂：班加罗尔的阿穆特酿酒厂和果阿邦的约翰酿酒厂。阿穆特最初是印度的廉价“威士忌”生产商，在20世纪90年代初开始酿造广受欢迎的单一麦芽威士忌，并发现果阿邦湿润的气候有助于其快速熟成。约翰酿酒厂的原装精选调和威士忌销量最高，但2012年首次推出的单一麦芽威士忌却越来越受欢迎。

▲ **保罗·约翰威士忌成立于1996年，**并迅速发展，它现在是世界上第七畅销威士忌。

背景

卡邵利（Kasauli）是印度第一家酿酒厂，建于19世纪50年代中期，由英国殖民者爱德华·戴尔（Edward Dyer）在喜马拉雅山建造，海拔1829米。

戴尔的目标是“生产出和苏格兰威士忌一样好的麦芽威士忌”。然而，如今在印度生产的大多数都是普通威士忌，经济条件好的威士忌爱好者更喜欢尊尼获加等进口品牌。新的、高质量的精酿酿酒厂正在印度出现，但阿穆特、约翰酿酒厂更愿意将注意力放在英国、欧洲和美国的销售上，而非本土市场。

中国大陆

中国威士忌生产厂家遍布全国各地，目前主要集中在东部的山东省、江苏省，西南部的四川省，东南部的福建省和台湾省。台湾是新兴的优质威士忌产区，近几年发展迅速，将在下一页单独进行阐述。

首次生产威士忌的时间： 1914 年

威士忌的主要种类： 调和威士忌，麦芽威士忌

主要的酿酒厂：

- 青岛葡萄酒厂（山东省青岛市）
- 钰之锦蒸馏酒（山东）有限公司（山东省烟台市）
- 福建大芹陆宜酒业有限公司（福建省漳州市）
- 巴克斯酒业（成都）有限公司峡州蒸馏厂（四川省邛崃市）
- 保乐力加峨眉山麦芽威士忌酒厂（四川省峨眉山市）
- 江苏中仕忌酒业有限公司（江苏省南京市）
- 福建龙岩威士忌酒厂（福建省龙岩市）

威士忌酿酒厂的数量： 20家

“青岛”威士忌
20世纪70年代产于青岛葡萄酒厂

“钰之锦”单一麦芽威士忌
钰之锦蒸馏酒（山东）有限公司

“大芹”单一麦芽威士忌
福建大芹陆宜酒业有限公司

“醺之堡”单一麦芽陈年威士忌
青岛勋之堡酒业有限公司

▲ **青岛**早期的威士忌出口产品标签
（图片来源：青岛市档案馆）

背景

中国有14亿人口，是酒的生产和消费大国。近年来，威士忌的消费量增长强势，许多国内酿酒厂和国际酿酒商纷纷投资建厂。2021年1~5月威士忌进口量为1081万升，进口额为15181万美元，威士忌成为居白兰地之后的第二大进口烈酒，发展前景十分广阔。

*本章节由孙方勋编写。

酿酒厂

中国最早的威士忌于1914年诞生在山东省青岛市，生产者是来自一家由德国人创建的前店后厂式的生产作坊，该作坊于1930年被德商“美最时洋行”收购后，命名为“美口（Melco）酒厂”。这家酒厂于1947年归属于青岛啤酒厂，但对外仍称为“美口酒厂”，1959年改名为“青岛葡萄酒厂”。1964年青岛葡萄酒厂与青岛啤酒厂分离，成为独立经营的国营企业。

1973年“优质威士忌酒的研究”被列于轻工业部重点科研项目，承担单位为青岛葡萄酒厂和江西食品发酵工业研究所（现在的“中国食品发酵工业研究院”），1977年该项目在北京通过了鉴定。2016年钰之锦蒸馏酒（山东）有限公司开始蒸馏麦芽威士忌，2019年，他们的单一麦芽威士忌产品问世。2014年，福建大芹陆宜酒业有限公司一期竣工开始蒸馏麦芽威士忌，2020年下半年产品装瓶。2019年，帝亚吉欧与洋河股份达成合作，联手发布“中仕忌”威士忌、保乐力加集团在四川省峨眉山市开始建设麦芽威士忌蒸馏厂、怡园酒业在福建省龙岩市建设威士忌蒸馏厂、百润股份投资的崃州蒸馏厂在四川省邛崃市开始建设。2020年，青岛啤酒宣布，增加威士忌经营范围。2021年11月，帝亚吉欧洱源威士忌酒厂在云南破土动工。

中国台湾

与日本和印度不同，中国台湾没有酿造威士忌的历史。但今天，它正在从零开始创造历史。那么，为什么是台湾呢？为什么是现在呢？

首次生产威士忌的时间： 2006年

主要的威士忌种类： 单一麦芽威士忌，单一壶式蒸馏威士忌，调和威士忌

主要的酿酒厂：
- 噶玛兰
- 南投

威士忌酿酒厂的数量： 2家

◀ **台北市。** 台湾省人口为2350万，其中大约1/3集中在省会台北及其周边地区。

位置

台湾是一个距中国大陆东南海岸160千米的岛屿，是中国的一部分。

台湾南北长为394千米，东部是高山地形，剩下的1/3是西部平原。南岛气候温暖，属热带季风气候，而北岛雨量较多，温度变化较大。噶玛兰酿酒厂位于炎热潮湿的东北部，意味着这里的威士忌成熟相对较快。奥马尔威士忌是由在台湾中部的南投酿酒厂酿造的，那里的气候更凉爽，山峦起伏，更具有“苏格兰特色”。

单一麦芽威士忌

噶玛兰
（Kavalan）
它的获奖威士忌包括“经典独奏（Concertmaster）”

奥马尔（Omar）单一麦芽威士忌

南投
（Nantou）
成立于2008年的酿酒厂

酿酒厂

当中国台湾在2002年加入世界贸易组织（WTO）时，其商业法律限制被放宽。

这使得该地区第一家非国有酒厂——噶玛兰得以开业，它的投资方是金车集团的创始人李添财。2006年3月，噶玛兰生产了第一款威士忌。台湾的另一家南投酿酒厂最初是一家啤酒和葡萄酒厂，在2008年安装了4个福赛斯制造的铜壶式蒸馏器，从此南投开始酿造奥马尔威士忌。

▲ **李玉鼎，** 噶玛兰酿酒厂的首席执行官，在酿酒厂对公司的产品进行品尝和研究。

背景

当噶玛兰的所有者计划建造一座酿酒厂时，得到威士忌大师吉姆·斯旺（Jim Swan）博士的支持。

斯旺于2017年去世，他在无数酿酒厂的初创中扮演了不可或缺的角色，包括英国的齐侯门、潘德林和科茨沃尔德，以及印度的阿穆特。他的专长是创造迅速成熟的圆润威士忌。在台湾，斯旺有自己的创作空间来做这件事。台湾炎热潮湿的气候意味着威士忌在橡木桶中的熟成迅速，而噶玛兰和现在的奥马尔威士忌虽然是新品牌，却越来越受到人们的青睐。

品鉴 16/20

亚洲威士忌

在这里，我们品鉴来自中国台湾和印度的四款堪称世界一流的单一麦芽威士忌，这两个地区的威士忌酿造历史相对较短，但也很有趣。

方法说明

虽然不是“传统”的威士忌生产地区，但中国台湾和印度的许多酿酒厂已经赢得了声誉，在盲品中“痛击”了更成熟的威士忌产区产品。这里所有的威士忌都是用“苏格兰”方法生产的，即在壶式蒸馏器中进行双重蒸馏。

品鉴训练

这些威士忌的酒龄都没有超过4年。那么，它们是不是太年轻了？不一定，因为湿热地区的威士忌比温带地区的熟成时间短，从橡木桶中提取味道的速度更快。这是一个关键的经验：酒龄尽管非常重要，但也与原产地的气候密切相关。

酒龄尽管非常重要，
但也与原产地的
气候密切相关。

（Kavalan Classic）
噶玛兰经典

单一麦芽威士忌

中国，台湾宜兰
40%ABV

如果你找不到这款，可以用格兰杰（Glenmorganie）10年威士忌

酒体
2

这是噶玛兰的原装酒，是在波本桶中熟成。

金琥珀色

香甜的热带水果沙拉、微妙的薄荷醇味

水蜜桃、杏子、酸橙酱，甜杏仁味

酒体醇厚，些微辛香

风味图

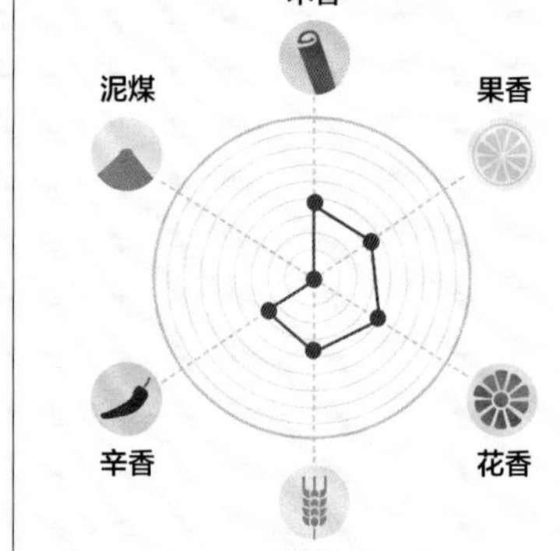

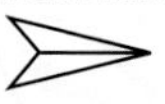

喜欢这款酒吗？试试独奏者（Solist）波本桶威士忌

（Omar Bourbon Cask）
奥马尔波本桶熟

单一麦芽威士忌

中国，台湾南投
46%ABV

如果你找不到这款酒，可以用一甲宫城峡（Nikka Miyagikyo）威士忌

酒体	
3	中国台湾的第二大品牌威士忌，来自南投酒厂。

金稻色

烤柠檬皮，草莓甘草味，有一点点茴香味

苹果派配洋葱和柠檬皮，轻微的香薄荷味

像上等雪茄的烟味一样缭绕的香料味

喜欢这款酒吗？试试金车顶级指挥（King Car Conductor）威士忌

（Amrut Fusion）
阿穆特调和

单一麦芽威士忌

印度，班加罗尔
50%ABV

如果你找不到这款酒，可以用雅柏乌干达（Ardbeg Uigeadail）威士忌

酒体	
4	一款将印度麦芽和苏格兰泥煤麦芽混合酿制的麦芽威士忌。

淡琥珀色

焦橙果酱，肉桂，丁香和火腿味

泥煤烟味蜂蜜，充满香料味，就像印度的街市

悠长甘美，余味很油腻

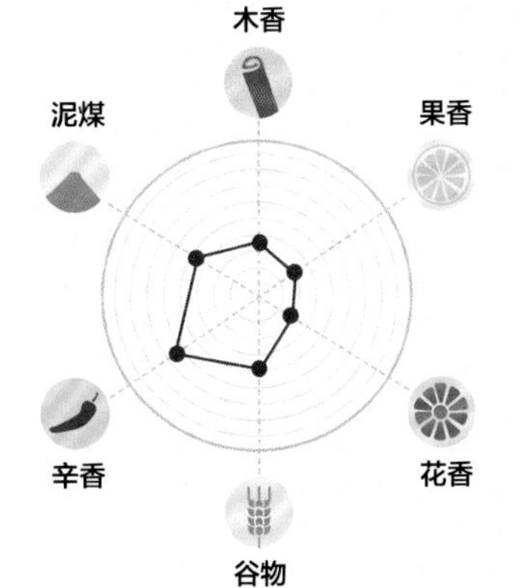

喜欢这款酒吗？试试保罗·约翰泥煤（Paul John Peated）威士忌

（Paul John Bold）
保罗·约翰大胆

单一麦芽威士忌

印度，果阿邦
46%ABV

如果你找不到这款酒，可以用博特夏洛特（Port Charlotte）10年威士忌

酒体	
4	该公司位于果阿邦的酿酒厂，使用的是印度制造的铜壶式蒸馏器。

淡琥珀色

烟熏杏仁，烟熏培根味薯片，桉树味

杏子和百香果味被泥煤烟味包裹，新鲜薄荷味

薄荷味道持久，“保护”味觉不受背景香料味的影响

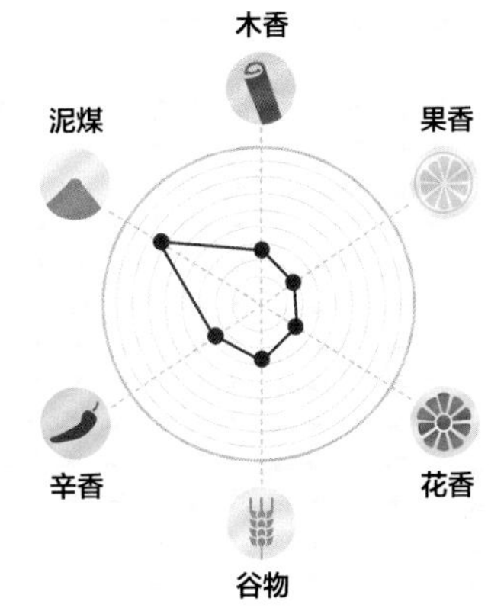

喜欢这款酒吗？试试阿穆特泥煤（Amrut Peated）威士忌

南半球

直到最近，产自赤道以南的威士忌才出现在许多“最佳”名单上。

其推动者是塔斯马尼亚（Tasmania），它是世界上最具活力和创新性的威士忌产区之一。这就是为什么我们把它从澳大利亚分离出来单独介绍的原因。当然，这并不是指其他地方不值得探索。澳大利亚大陆和新西兰（左图为蒂卡普湖）也在研究之中，特别是环境温度及历史因素对威士忌生产的影响。

还有南非，这个国家正从数十年的动荡和不确定性中崛起，现在正在打造自己的个性威士忌。

如果你不了解南半球的威士忌，现在是研究它的好时机。

塔斯马尼亚

这个岛对于澳大利亚，如同艾雷岛对于苏格兰一样重要。事实上，塔斯马尼亚对澳大利亚威士忌行业来说可能更为重要，因为它的产品备受推崇。

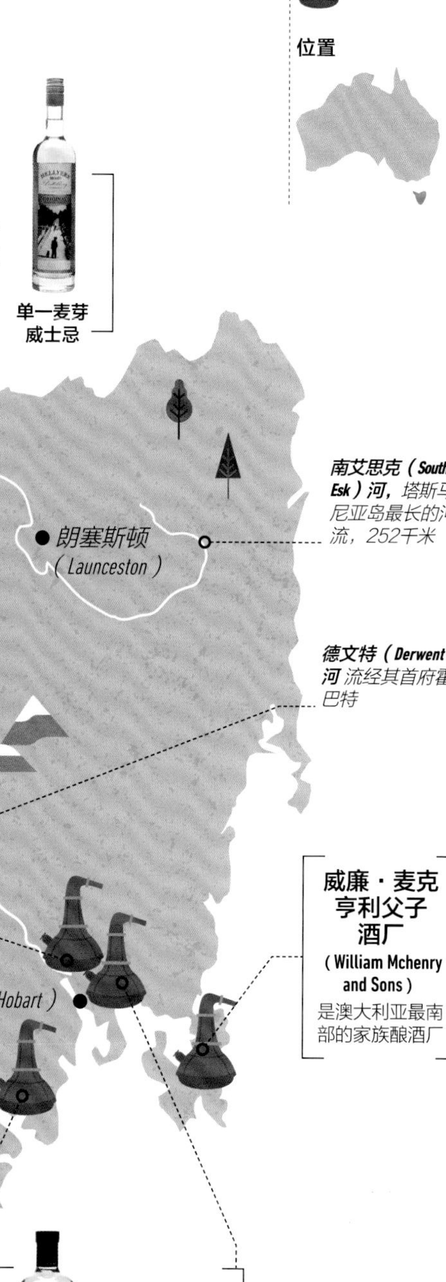

首次生产威士忌的时间：
1822 年

主要的威士忌种类： 单一麦芽威士忌

主要的酿酒厂：
- 云雀酿酒厂
- 苏利文湾酿酒厂
- 海尔耶路酒厂
- 威廉 · 麦克亨利父子酒厂
- 欧沃瑞姆酒厂

威士忌酿酒厂的数量： 约20家

位置

塔斯马尼亚的温和气候，比澳大利亚大陆更接近英国或新西兰的气候。

难怪塔斯马尼亚岛被称为澳大利亚的“威士忌岛”。这是酿造威士忌的理想之地，而塔斯马尼亚在某种程度上已成为蒸馏酒的地区性巨头。塔斯马尼亚岛距大陆240千米，多山，森林茂密，但也有大片肥沃的可耕地，尤其是在岛上的中部地区。值得注意的是，当地盛产大麦，这也是该岛出产高品质单一麦芽威士忌的原因之一。

▶ **西南国家公园**是世界遗产。真正的荒野，只有一条短短的路穿过它。

酿酒厂

2014年，塔斯马尼亚有9家威士忌酿酒厂，现在有20多家酿酒厂。

岛上的第一个现代威士忌制造商是云雀，成立于1992年，紧随其后的是1994年的苏利文湾酿酒厂。塔斯马尼亚岛的大部分威士忌酒厂专注于生产小批量和单桶威士忌。这些优秀的威士忌酿酒厂，每年共大约出产200000升酒。是艾雷岛的产量的1/100。塔斯马尼亚威士忌酒厂看重的是质量而不是数量，其不断增加的“最佳”奖项就是最好的证明。

▲ **苏利文湾酿酒厂**在2014年推出的法国橡木桶（French Oak Cask）威士忌，是苏格兰和日本以外的第一家被评为“世界最佳”的威士忌。

背景

和澳大利亚大陆一样，在19世纪早期塔斯马尼亚岛的威士忌产业就诞生了。

然而，在1839年，澳大利亚的禁止蒸馏法（Distillation Prohibition Act）停止了所有威士忌的生产。塔斯马尼亚的威士忌蒸馏器在150多年的时间里，都没有再燃烧。重新开始这一切的人是塔斯马尼亚的比尔·拉克，有一天他出去钓鳟鱼，意识到这个岛真的是理想的威士忌产地。1992年禁止蒸馏法被推翻后，拉克建立了自己的单一麦芽酿酒厂，然后也帮助了其他有同样想法的人。

澳大利亚和新西兰

澳大利亚大陆和新西兰有着悠久的威士忌制作传统。在这里，我们将看到它们的现状，当然不包括前面谈论的塔斯马尼亚。

首次生产威士忌的时间： 19 世纪初

主要的威士忌种类： 纯麦威士忌、玉米威士忌、黑麦威士忌

主要的酿酒厂：

- 斯塔华得，维多利亚州（澳大利亚）
- 大南部酿酒公司，西澳大利亚州（澳大利亚）
- 阿奇·罗斯，新南威尔士州（澳大利亚）
- 汤姆森威士忌酒厂，瑞维赫德（Riverhead）（新西兰）
- 卡德罗纳酿酒厂，奥塔哥（Otago）（新西兰）

威士忌酿酒厂的数量： 约90家

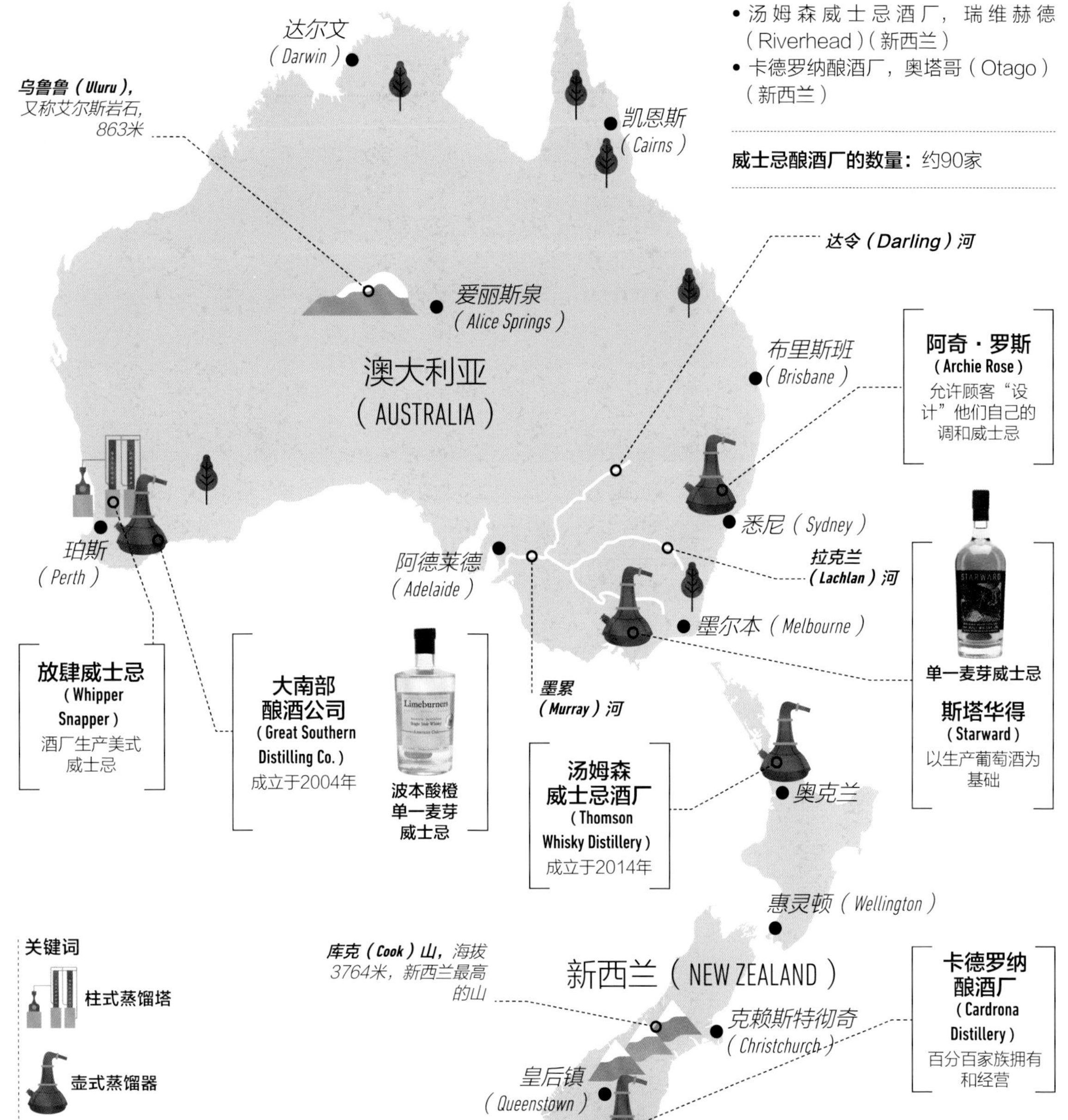

位置

澳大利亚有770万平方千米的土地，包括沙漠、热带森林和雪山。

这里气候类型多样，从内陆的“温暖沙漠”到北部的“热带稀树草原”，再到东南部的“温暖海洋/温带”气候。大多数酿酒厂都在沿海地区，靠近主要城市或者在内陆稍凉爽的东南地区——这些地区都是生产威士忌的好地方。新西兰位于澳大利亚东南1900千米处，南岛以南阿尔卑斯山为主，北岛以火山高原和平原为主。就气候而言，南岛的西部湿润，而北部则炎热干燥。

▶ **蓝山山脉（the Blue Mountains）**从澳大利亚的悉尼附近延伸，涵盖了7个国家公园和1个自然保护区。

酿酒厂

20世纪90年代，澳大利亚放宽了对蒸馏酒的监管，这促进了威士忌行业的发展。

位于东珀斯的放肆威士忌和悉尼的阿奇·罗斯生产美式和苏格兰威士忌。位于墨尔本的斯塔华得公司将在葡萄酒桶中成熟的单一麦芽威士忌推向国际市场。新西兰的微型酿酒厂发展规模虽小，但意义重大。长期禁酒的历史意味着该国没能利用其有利的威士忌生产气候。如今，越来越多的酿酒师正在创造一种新的威士忌酿造传统。

▲ **阿奇·罗斯**是一家微型酒厂，生产一系列的创新酒款，包括纯黑麦威士忌和烟熏杜松子酒。

背景

澳大利亚的威士忌酿造始于1822年的塔斯马尼亚，比苏格兰的一些酿酒厂还要早。

科里奥（Corio）是澳大利亚大陆第一家大型酿酒厂，于1929年在墨尔本开业，于1989年关闭，在其鼎盛时期生产了超过220万升的威士忌——是澳大利亚目前所有威士忌酒厂总产量的4倍。在新西兰取消威士忌生产禁令后，柳岸（Willowbank）成了最重要的新酒厂，其于1974年开业。尽管它在1997年关闭，但是它的产品现在仍然很受欢迎，到处都可以买到。

南非

直到最近，南非仅有一家著名的酿酒厂。南非的威士忌酿造一直是一个小众行业，但还在不断发展，并且这个市场也越来越值得研究。

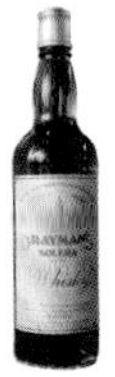
索拉雷（Solera）调和威士忌

德雷曼酒厂（Drayman's）
是一家微型酿酒厂，1997年创立，现在生产单一麦芽威士忌

首次生产威士忌的时间：
19 世纪末

主要威士忌的种类： 调和威士忌、单一麦芽威士忌、单一谷物威士忌

主要的酿酒厂：
- 詹姆斯·塞奇威克酿酒厂
- 德雷曼酒厂
- 波普拉斯

威士忌酿酒厂的数量： 3家

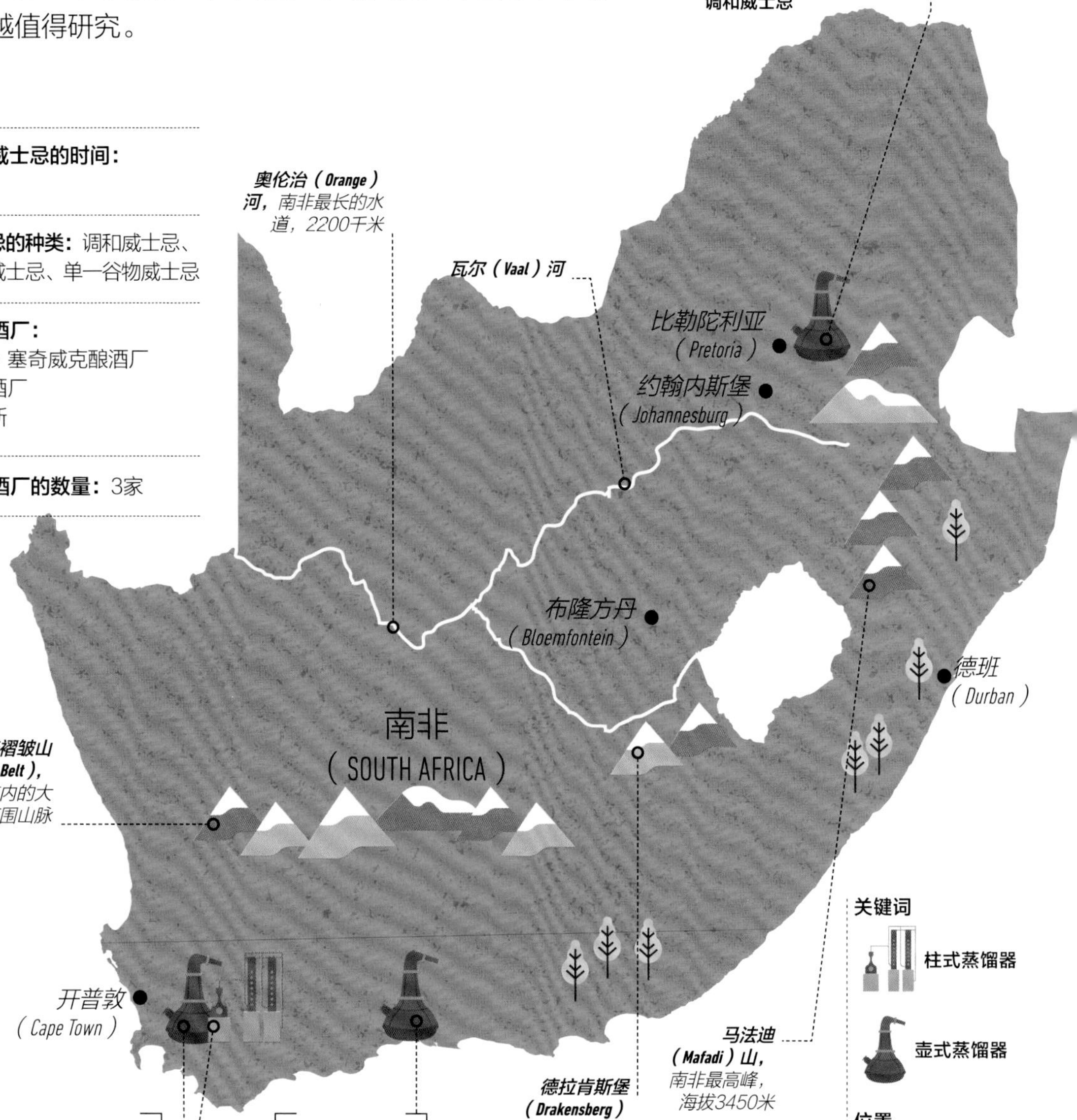

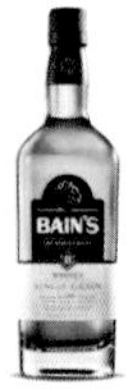
贝恩斯单一谷物威士忌

詹姆斯·塞奇威克酿酒厂（James Sedgwick）
的品牌有三船（Three ships）和贝恩斯（Bain's）

波普拉斯（Boplaas）
它的调和威士忌是在旧白兰地橡木桶中熟成的

关键词

柱式蒸馏器

壶式蒸馏器

位置

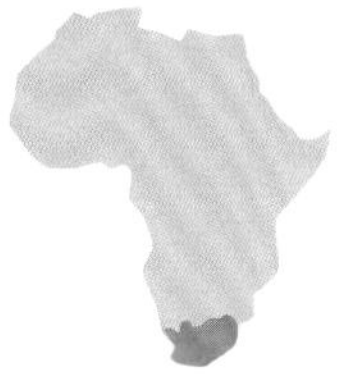

位置

南非被南大西洋和印度洋所环绕。

它还与纳米比亚（Namibia）、博茨瓦纳（Botswana）、津巴布韦（Zimbabwe）、莫桑比克（Mozambique）和斯威士兰（Swaziland）相邻。中部是高原地貌，其沿海低地周围有著名的葡萄酒产区，也是其三大酿酒厂中两家的所在地。高原地区被划分为不同的区域，西北部是沙漠气候，东部多草原，这里是第三家酿酒厂所在地，地处于“热带”地区（是威士忌快速成熟的理想之地）。总体气候是西北部的“热沙漠”气候和东南部的“海洋”气候。

▶ **德拉肯斯堡山**，是南非的自然奇观之一，有5千米的垂直悬崖。

酿酒厂

詹姆斯·塞奇威克酿酒厂成立于1886年，并且于1991年开始生产单一麦芽威士忌。

那年出生于约克郡的安迪·沃茨（Andy Watts）成为酿酒厂的经理。从那时起，它已拥有全套的苏格兰式设备，完成每一个酿酒的过程。它的壶式蒸馏器和柱式蒸馏器同时生产麦芽威士忌和谷物威士忌。它的产能超过了澳大利亚所有威士忌酒厂的总和。继塞奇威克之后，位于比勒陀利亚东部的德雷曼酒厂和卡利茨多普的波普拉斯酒厂也开始酿造威士忌。

▲ **詹姆斯·塞奇威克酿酒厂**位于惠灵顿，在南非开普敦酿酒区的中心。

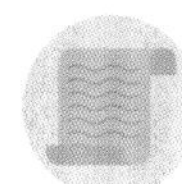

背景

詹姆斯·塞奇威克酿酒厂是南非第一家获得许可的威士忌酿酒厂，也是历史最长的酒厂。

它于1883年开业，为比勒陀利亚的矿工酿造不经陈酿的“威士忌”。20世纪60年代中期，其在斯坦伦博施（Stellenbosch)建造了一座现代谷物威士忌酿酒厂——R&B酿酒厂（R&B distillery）。它后来被斯泰伦博斯农场酒业集团（Stellenbosch Farmers’ Winery，SFW）集团收购，成为三船威士忌（Three Ships）的诞生地。很快，供不应求的局面就出现了，便转移到了詹姆斯·塞奇威克酿酒厂生产。自1886年以来，这家酿酒厂一直在生产白兰地和其他烈酒。

品鉴 17/20 南半球的威士忌

在这里，我们品鉴三款澳大利亚威士忌和一款南非威士忌，来看看这些产自南半球的威士忌的质量。南半球是世界上最具活力的威士忌产区之一。

方法说明

大多数澳大利亚和南非的威士忌是单一麦芽或苏格兰调和风格，波本和黑麦风格的威士忌在这里也很受欢迎。下面品鉴的威士忌，一款是南非餐前类型的单一谷物威士忌，一款是用黑麦、谷物和麦芽为原料生产的澳大利亚虎蛇（Tiger Snake）威士忌，其他两款是澳大利亚单一麦芽威士忌，其中一款是来自塔斯马尼亚泥煤类型，这样便构成了有趣的南半球威士忌特色的品鉴系列。

品鉴训练

这次品鉴会告诉你，几个世纪的蒸馏历史并不是制作有趣的、创新的威士忌的先决条件。这四款威士忌都是在气候条件适宜的地方酿制的，这样一来，标签上的年份说明就不像在苏格兰那样重要了。

这些是南半球
美味且有趣的威士忌。

（Bain's Cape Whisky）
贝恩斯好望角威士忌

单一谷物威士忌

南非，惠灵顿
40%ABV

如果你找不到这款酒，可以用基尔伯根（Kilbeggan）8年单一谷物威士忌

酒体
1

南非唯一的商业酿酒厂出产的唯一的单一谷物威士忌。

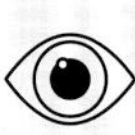

金黄色

柔软的棉花糖，加上一点柠檬味

细细的**柠檬蛋糕**，口味舒缓的香草和柠檬冰沙

悠长、甜美，新鲜香草香料和薄荷味

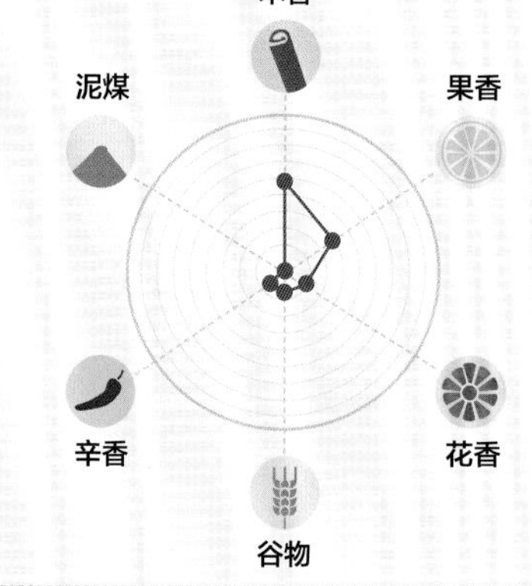

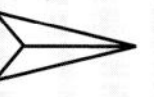

喜欢这款酒吗？试试帝霖单一谷物威士忌

（Tiger Snake）
虎蛇

单一谷物威士忌

西澳大利亚，奥尔巴尼
43%ABV

如果你找不到这款，可以用占边老祖父（Jim Beam Old Grand-Dad）威士忌

酒体	
3	西澳融合了典型的田纳西或波本酸麦汁的风味。

淡琥珀色

甜、些微辛香的杏仁蛋白软糖，鲜切花，令人垂涎欲滴的太妃糖味

新鲜香料，成熟的水果，新鲜、芳香草本植物，略带焦糖味

回味悠长，新鲜的柑橘味

木香 泥煤 果香 辛香 花香 谷物

喜欢这款酒吗？试试伍德福德珍藏威士忌

（Starward Nova）
斯塔华得新星

单一麦芽威士忌

墨尔本，维多利亚
41%ABV

如果你找不到这款，可以用湖畔酿酒厂的珍藏威士忌（The Lakes Distiller's Reserve）

酒体	
4	墨尔本的斯塔华得，在使用过的葡萄酒橡木桶中熟成威士忌。

琥珀色

炖苹果和大黄，热带水果，香草味，口感香醇

浓郁的草莓果冻，粉红西柚，温暖的肉桂，焦糖味

口感柔滑，令人垂涎的酸度和淡淡的香草味

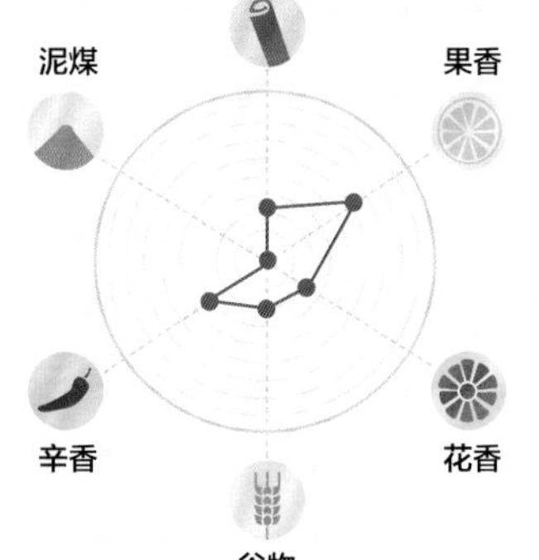

喜欢这款酒吗？试试噶玛兰指挥（Kavalan Conductor）威士忌

（Hellyers Road Peated）
海尔耶之路泥煤

单一麦芽威士忌

塔斯马尼亚，博尼
46.2%ABV

如果你找不到这款酒，可以用面包山（Bakery Hill）泥煤威士忌

酒体	
4	来自澳大利亚的“威士忌岛”——塔斯马尼亚，旗下有9个酿酒厂。

浅金色

燃烧的草和蕨类植物，油烟，亚麻籽，烧石灰，煤焦油味

燃烧的篝火，香烟味，烧焦的菠萝味，胡椒、香料味

干，回味悠长，篝火的余烬味

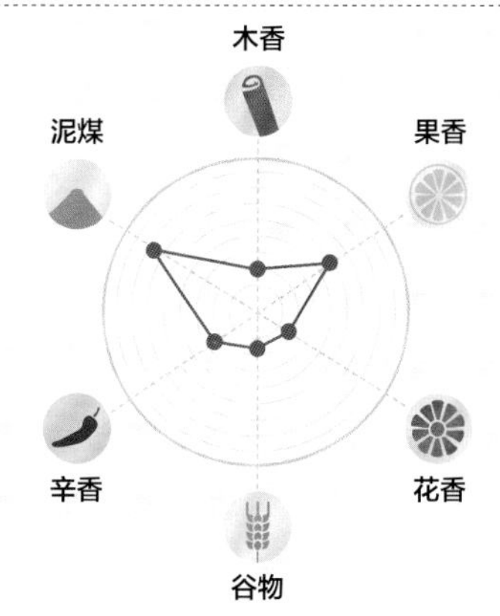

喜欢这款酒吗？试试康尼马拉沼泽泥煤（Connemara Turf Mor）威士忌

欧洲

在精酿和微型蒸馏潮流的引领下，欧洲正在成为威士忌酿造的热点地区。鉴于人们对威士忌的热爱和尊重，该地区的酿酒师们已经开始行动，威士忌酿造得到了前所未有的发展。

接下来，将先从英格兰（左图是德比郡峰区）和威尔士开始，这是两个新兴的威士忌产区，它们的北面是实力强大的苏格兰，不知它们能否在这样的背景中崛起。之后，将会是欧洲的“大旅行”，在探索德国、瑞士和奥地利的阿尔卑斯山脉地区之前，先向北到斯堪的纳维亚半岛，南下穿过低海拔国家，再向南到法国、西班牙和意大利。

这些地区生产种类繁多的威士忌，是对“新兴”威士忌产区的一种启示。另外，还分析了气候和历史等影响因素对于这些地区选择酿造不同威士忌风格有什么重要作用。

英格兰和威尔士

这两个地方靠近苏格兰和爱尔兰，但为什么没有更成熟的威士忌产业呢？它们为改变这种状况正在做些什么？

首次生产威士忌的时间：
19 世纪末

主要的威士忌种类：单一麦芽威士忌、黑麦威士忌、谷物威士忌

主要的酿酒厂：

- 潘德林酿酒厂（威尔士布雷肯比山）
- 圣·乔治酿酒厂（英格兰诺福克郡）
- 湖区酿酒厂（英格兰坎布里亚郡）
- 科茨沃尔德酿酒厂（英格兰）
- 伦敦酿酒公司（英格兰）

威士忌酿酒厂的数量：约18家

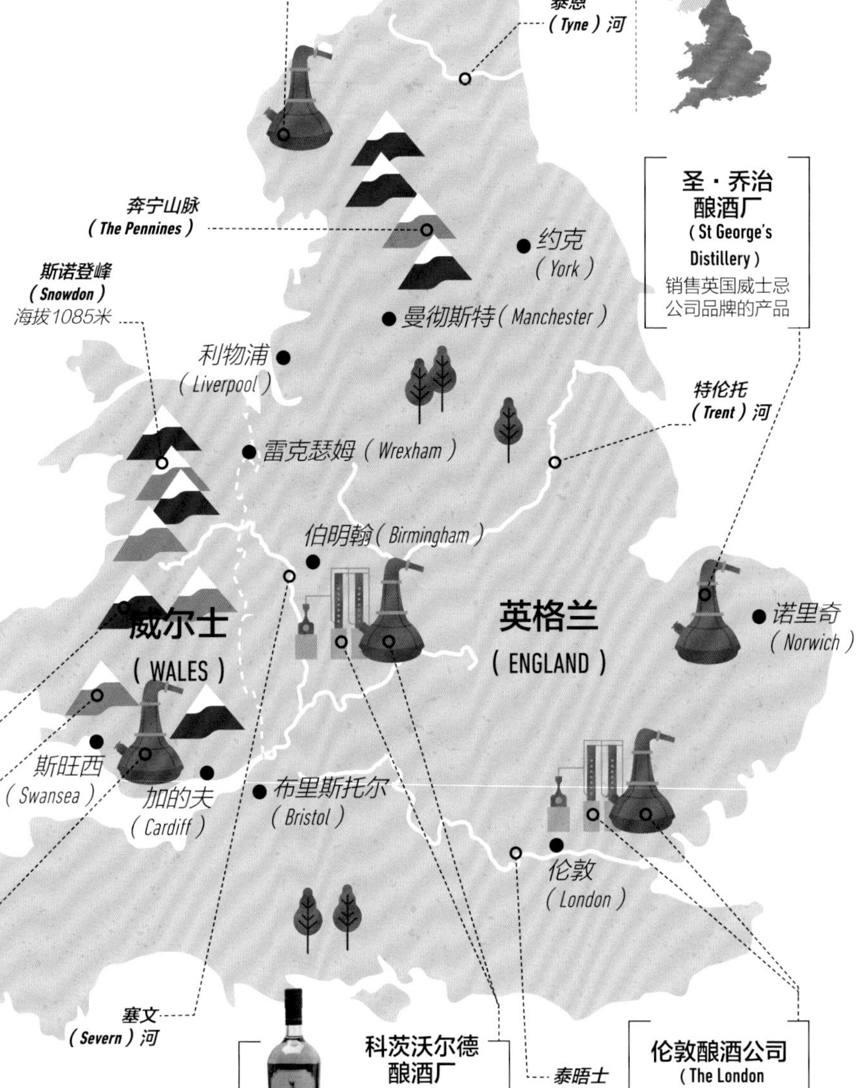

关键词

柱式蒸馏器

壶式蒸馏器

位置

湖区酿酒厂
（The Lakes Distillery）
其生产的伏特加和威士忌屡获殊荣

调和麦芽威士忌

圣·乔治酿酒厂
（St George's Distillery）
销售英国威士忌公司品牌的产品

单一麦芽威士忌
潘德林
（Penderyn）
是威尔士最老的威士忌酒厂，成立于2004年

科茨沃尔德酿酒厂
（The Cotswolds Distillery）
于2014年开始使用第一批威士忌橡木桶

单一麦芽威士忌

伦敦酿酒公司
（The London Distillery Co.）
生产伏特加、杜松子酒以及黑麦威士忌

泰恩（Tyne）河
奔宁山脉（The Pennines）
约克（York）
斯诺登峰（Snowdon）海拔1085米
曼彻斯特（Manchester）
利物浦（Liverpool）
特伦托（Trent）河
雷克瑟姆（Wrexham）
伯明翰（Birmingham）
威尔士（WALES）
英格兰（ENGLAND）
诺里奇（Norwich）
寒武纪（Cambrian）山脉
布雷肯比山（Brecon）
斯旺西（Swansea）
加的夫（Cardiff）
布里斯托尔（Bristol）
伦敦（London）
塞文（Severn）河
泰晤士（Thames）河

位置

英格兰和威尔士是英国的一部分，英国是被一条狭窄的英吉利海峡与欧洲大陆隔开的国家。

这两地都拥有丰富的森林资源和广阔的农业用地。英格兰东南部和北部的前工业中心，是城市化最彻底的地区，南威尔士之前的煤矿中心也是如此。小麦、黑麦和大麦都是酿造威士忌的理想农作物，在这两地被广泛种植。英格兰和威尔士的气候温暖湿润，四季寒暑变化不大，雨水充沛。两地的酿酒厂大多位于城市或农村地区。

▶ **怀伊（Wye）河，**在英格兰和威尔士交界处，怀伊山谷也是一个适于酿酒的区域。

酿酒厂

2000年，潘德林成为威尔士一个世纪以来，第一家生产威士忌的酿酒厂。

潘德林得到了著名的威士忌酿酒顾问吉姆·斯旺博士的帮助。四年后，康沃尔的希利斯（Healeys）酒厂开始蒸馏英国威士忌。位于诺福克的英格兰威士忌公司于2006年开业，是英格兰百年来，第一家专门的威士忌酿酒厂。今天，英格兰和威尔士的威士忌酿酒业正日益壮大。在约克郡、北威尔士和其他地方新成立了很多酿酒厂，这预示着威士忌健康的发展未来。

▲ **希利斯酒厂，以苹果酒（Cider）而著名，**也是英格兰最早成立的威士忌酿酒厂，于2004年开始蒸馏威士忌。

背景

英格兰和威尔士的风土、气候和大麦的种植，使其成为“天然”的威士忌产地。

然而，英国人将更多的注意力放在了杜松子酒上。此外，由于苏格兰威士忌酒厂就在附近，英格兰和威尔士无法与之竞争，所以本身数量不多的威士忌酿酒厂都倒闭了，最后一家是在1905年左右关闭。现在潘德林和圣·乔治等第一批新酿酒厂是全球精酿威士忌潮流的先驱，当然，与伦敦酿酒公司和湖区酿酒厂等新厂相比，它们并不会轻易给自己贴这个标签。

品鉴 18/20

英格兰和威尔士威士忌

前几年，我们还没有英格兰和威尔士威士忌的品鉴内容。现在已有三款英格兰威士忌和一款威尔士威士忌，它们代表了这两个地方威士忌的发展和产品风格现状。

方法说明

英格兰和威尔士威士忌在千禧年迎来了一个美好的发展时期。自位于诺福克郡的英格兰威士忌公司2006年投产，便开启了威士忌新的乐章。从那以后，新的酿酒厂如雨后春笋般在英格兰各地出现。2017年后增加的两家酒厂，使威尔士酿酒厂的数量比之前增加了两倍。那么，它们的产品味道如何呢？

品鉴训练

诺福克威士忌是单一谷物威士忌，采用含8种谷物的绝密配方。潘德林酿酒厂为单一麦芽，使用特有的法拉第蒸馏器且在马德拉白葡萄酒橡木桶中熟成。两家最新的英国酿酒厂——科茨沃尔德和湖区，向人们展示了它们处理单一麦芽威士忌的方法。你能尝出它们之间的区别吗？你更喜欢哪一款呢？

英格兰和威尔士威士忌在千禧年迎来了一个美好的发展时期。

(The Norfolk Farmers Blend)
诺福克农夫调和威士忌

单一谷物威士忌

英国，诺福克
45%ABV

如果你找不到这款酒，可以用诺福克派切（The Norfolk - Parched）威士忌

酒体 2

这是100多年来英国第一家专门的威士忌蒸馏厂，生产两种不同风格的谷物威士忌。

金稻色

淡淡的咸味，就像加了盐的薯片；甜柑橘和香草味

干药草和柠檬凝乳；甜甜的杏子和桃子，带着浓郁的糖浆味

相当甜，柔软，中等长度余味

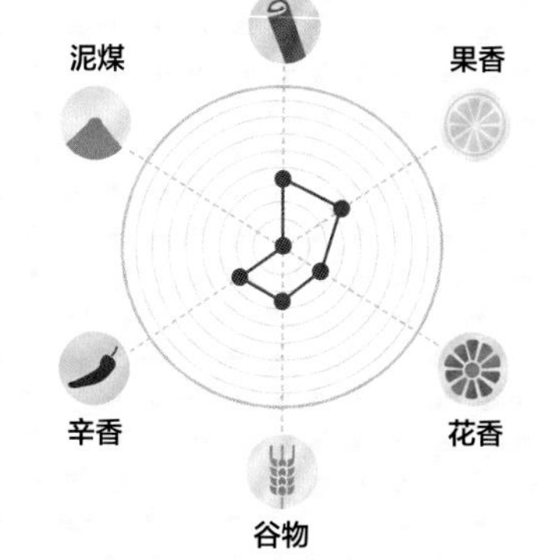

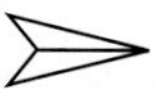

喜欢这款酒吗？试试一甲科菲（Nikka Coffey）谷物威士忌

（Penderyn Madeira Cask）潘德林马德拉桶

单一麦芽威士忌

威尔士，布雷肯比山
40%ABV

如果你找不到这款酒，可以用吉拉（Jura）12年威士忌

酒体	
2	威尔士的酿酒厂是在传奇人物吉姆·斯旺的帮助下发展起来的。

金稻色

姜饼、金银花；淡淡的香草软糖味

加糖的脆饼、酥皮点心、年糕；葡萄干，杏仁蛋白软糖味

甜，相当长，微妙而新鲜

木香 果香 花香 谷物 辛香 泥煤

喜欢这款酒吗？试试百富双桶熟成（Balvenie Doublewood）威士忌

（The Cotswolds 2014 Odyssey）科茨沃尔德2014奥德赛

单一麦芽威士忌

英格兰，科茨沃尔德
46%ABV

如果你找不到这款酒，可以用科茨沃尔德创始人的选择（Founder's Choice）威士忌

酒体	
3	这家英格兰酿酒厂主要使用波本桶和红葡萄酒橡木桶熟成。

浅金色

草莓酱；蜂蜜饼干和肉桂味

浓郁的杏子馅饼味道，带有凝结的奶油和少许海盐味

酒体轻盈，中等长度，余韵有柑橘味

木香 果香 花香 谷物 辛香 泥煤

喜欢这款酒吗？试试奥本（Oban）14年威士忌

（The Lakes Whiskymaker's Reserve No.1）湖区威士忌特别珍藏一号

单一麦芽威士忌

英格兰，坎布里亚郡
61%ABV

如果你找不到这款酒，可以用艾登斯·索思沃尔德（Adnams Southwold）威士忌

酒体	
4	一款在我写书时还未成熟的英格兰威士忌，它的酒精浓度在熟成后会更低。

琥珀色

大量的姜饼和橡木香料味，淡淡的丁香、肉桂和柑橘味

酸苹果酥和卡仕达酱味，撒了红糖的柚子味

悠长、辛香；些微清新特征

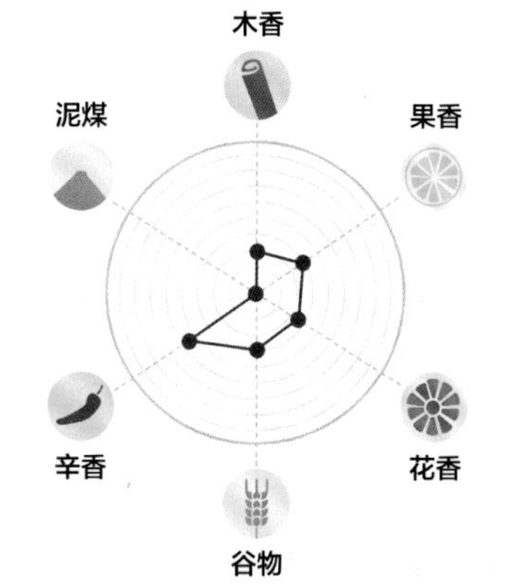

喜欢这款酒吗？试试斯塔华得葡萄酒桶熟成威士忌

首次生产威士忌的时间：20世纪70年代

威士忌的主要种类：纯麦威士忌、黑麦威士忌

主要的酿酒厂：
- 猫头鹰（比利时）
- 麦克米拉（瑞典）
- 磨石（荷兰）
- 斯陶宁（丹麦）
- 泰伦贝利（芬兰）

威士忌酿酒厂的数量：约25家

欧洲北部

在欧洲地图的左上角，一些有趣的威士忌正在酿造中。以下是瑞典、芬兰、丹麦、荷兰和比利时的威士忌行业现状。

位置

欧洲的这一地区以北海、北大西洋和波罗的海为界，气候潮湿、凉爽、寒冷，尤其是北部。

丹麦、比利时，尤其是荷兰，地势低洼，气候温和，是更自然的苏格兰风格威士忌的产地。荷兰西部的大片地区，实际低于海平面，这些地区是由北海填海而来，由于受到该国著名的堤坝保护，便没有被再次淹没。瑞典和分兰森林茂密，北部多山，有优质的清洁水源，尤其在两国接壤的北极圈地区。

▶ **厄勒海峡大桥** 是一座长为8千米的巨大工程，连接瑞典和丹麦。

酿酒厂

荷兰的宫扎姆（Zuidam）酿酒厂，自20世纪70年代起就生产威士忌，并使用“磨石”品牌标签。

麦克米拉是这个地区最著名的酿酒厂，成立于1999年，位于瑞典东南部的耶夫勒港口附近，拥有35米高的创新型“重力”酿酒厂。在博思尼亚湾的另一边，瑞典的邻国芬兰也在生产有趣的威士忌。2006年开业的丹麦斯陶宁酒厂和瑞典中部的博思酿酒厂，从2010年开始效仿麦克米拉，开启了斯堪的纳维亚的威士忌之路，使这里成为一个充满活力的威士忌产区。

▲ **瑞典的麦克米拉**推出了一系列个性化定制款的威士忌，其位于首都斯德哥尔摩北部约100千米的位置。

背景

这些国家都没有生产威士忌的传统。杜松子酒是当地最常见的酒。

比利时和荷兰的情况也是如此。在斯堪的纳维亚，伏特加和阿夸维特（Aquavit）更受欢迎。阿夸维特是以土豆为原料进行蒸馏，或者是用谷物添加香草调味制成。威士忌在这些国家的一些地区也很受欢迎，在饮用的同时，人们对参观酿酒厂产生了兴趣，正如麦克米拉酿酒厂将最先进的设备展示给游人参观那样，这是一种时尚而聪明的做法。

欧洲西部

法国、西班牙和意大利是世界上苏格兰威士忌消费量最多的国家。但它们也蒸馏烈酒，尤其是单一麦芽威士忌和调和威士忌。

首次生产威士忌的时间： 1959 年

主要的威士忌种类： 单一麦芽威士忌、调和威士忌

主要的酿酒厂：
- 格兰 · 阿默（法国）
- 瓦伦赫姆（法国）
- 普尼（意大利）
- 皮森纳（意大利）
- 珍酿酒厂（DYC）（西班牙）

威士忌酿酒厂的数量： 约60家

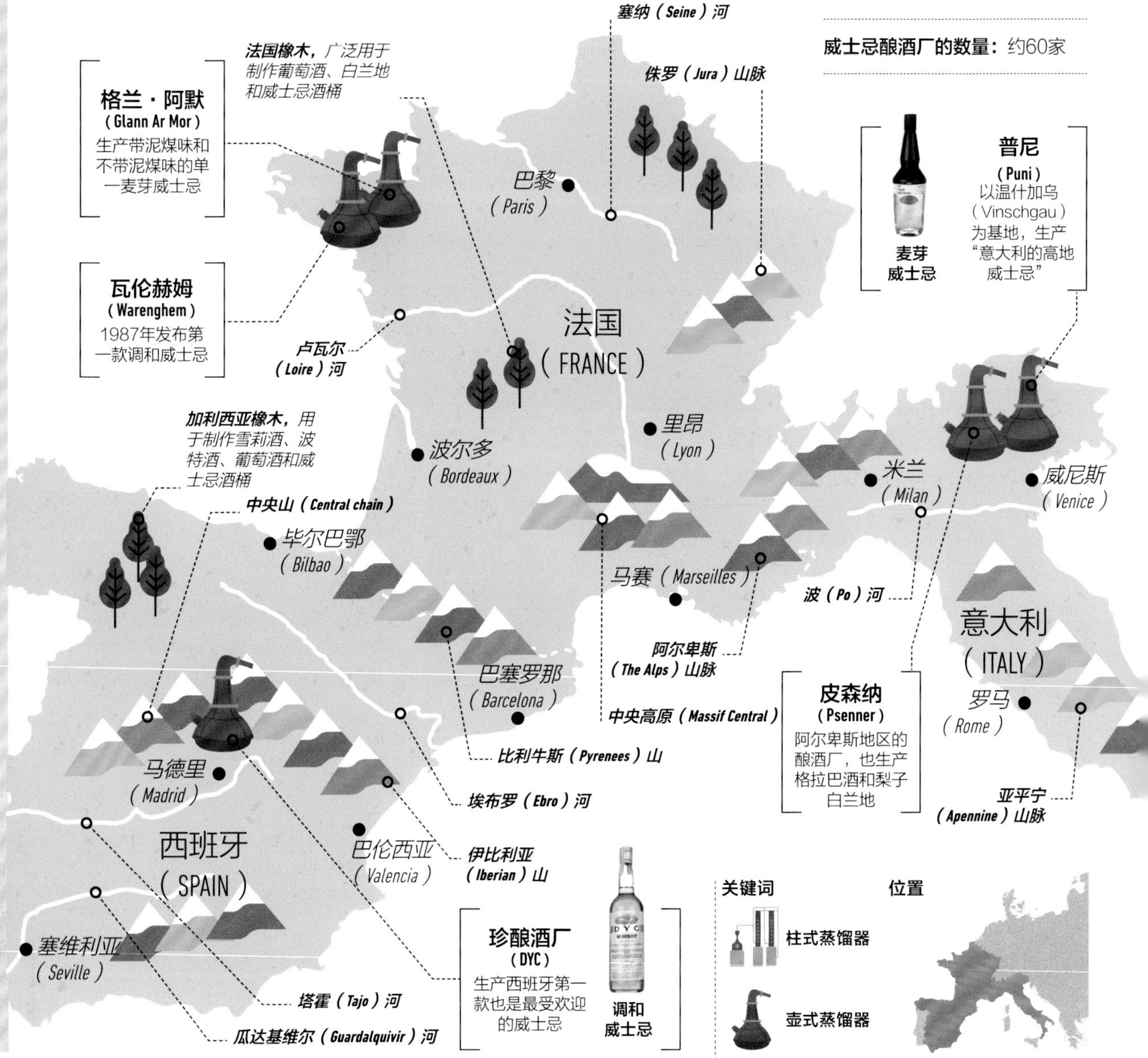

塞纳（Seine）河

法国橡木， *广泛用于制作葡萄酒、白兰地和威士忌酒桶*

侏罗（Jura）山脉

格兰 · 阿默
（Glann Ar Mor）
生产带泥煤味和不带泥煤味的单一麦芽威士忌

巴黎（Paris）

普尼
（Puni）
以温什加乌（Vinschgau）为基地，生产"意大利的高地威士忌"

麦芽威士忌

瓦伦赫姆
（Warenghem）
1987年发布第一款调和威士忌

法国（FRANCE）

卢瓦尔（Loire）河

加利西亚橡木， *用于制作雪莉酒、波特酒、葡萄酒和威士忌酒桶*

里昂（Lyon）

波尔多（Bordeaux）

米兰（Milan）

威尼斯（Venice）

中央山（Central chain）

毕尔巴鄂（Bilbao）

马赛（Marseilles）

波（Po）河

意大利（ITALY）

阿尔卑斯（The Alps）山脉

巴塞罗那（Barcelona）

皮森纳
（Psenner）
阿尔卑斯地区的酿酒厂，也生产格拉巴酒和梨子白兰地

罗马（Rome）

中央高原（Massif Central）

比利牛斯（Pyrenees）山

马德里（Madrid）

埃布罗（Ebro）河

亚平宁（Apennine）山脉

西班牙（SPAIN）

巴伦西亚（Valencia）

伊比利亚（Iberian）山

关键词

位置

柱式蒸馏器

塞维利亚（Seville）

珍酿酒厂
（DYC）
生产西班牙第一款也是最受欢迎的威士忌

调和威士忌

壶式蒸馏器

塔霍（Tajo）河

瓜达基维尔（Guardalquivir）河

位置

意大利和西班牙，沐浴着温暖的地中海气候，法国南部也是如此。

法国其他地区则更为温和。这三个国家的风土有所不同，法国和西班牙的边界由比利牛斯山脉（Pyrenees）划分；而阿尔卑斯山脉则将意大利东南部和北部隔开，后者的“脊梁”由亚平宁山脉构成。法国的农业高度发达。这三个国家都有酿酒业，西班牙和意大利也种植橄榄供内销和出口。尽管威士忌在这里相对较新，但也是这几个国家酒文化的一部分。

▲ **温什加乌（Vinschgau），也被称为瓦洛斯塔（Val Venosta），**位于阿尔卑斯山脉的南蒂罗尔，是该地区正在不断发展的酿酒中心。

酿酒厂

法国最著名的酿酒厂是布列塔尼的瓦伦赫姆酒厂，它从1987年开始生产麦芽威士忌。

瓦伦赫姆酒厂在1997年推出了阿莫里克（Armorik）这个品牌。位于布列塔尼的格兰·阿默酿酒厂，自2005年以来，一直在蒸馏带泥煤味和不带泥煤味的麦芽威士忌。意大利的普尼大胆创新，在一个立方体建筑中安装了新的福赛斯蒸馏器。自2013年以来，皮森纳一直在用格拉巴酒橡木桶，酿造出意大利第一款单一麦芽威士忌。位于马德里的大型珍酿酒厂（DYC）年生产能力为2000万升。自2009年以来，该公司生产一种10年陈酿的单一麦芽威士忌，它生产的大部分威士忌都是最基础的威士忌，通常与可乐和冰一起饮用——西班牙最受欢迎的饮料。

▲ **意大利普尼酒厂**使用传统的壶式蒸馏器生产麦芽威士忌，将其安装在一个时尚的用水泥建造的“格子状”立方体外形的车间内。

背景

法国、西班牙和意大利都有很长的蒸馏历史，分别以干邑和雅文邑、白兰地、格拉巴为代表。

这些国家都是苏格兰威士忌的前二十大进口国，其中法国的进口量居世界第一。因此，当地的威士忌爱好者把注意力转向自己酿造威士忌，这是完全有道理的。令人惊讶的是，第一批威士忌直到1959年才在西班牙的珍酿酒厂开始生产。目前，更多人正计划在这三个地区开设酿酒厂，尤其是在法国和意大利，精酿威士忌浪潮正在兴起。威士忌酿造文化正在这个地区扎根。

▲ **在这几个国家，白兰地、雅文邑和格拉巴酒**的生产历史比威士忌更悠久。

欧洲阿尔卑斯山脉地区

中欧地区（尤其是阿尔卑斯山脉及其周边地区）的威士忌制造业正蓬勃发展，证明这种酒在德国、奥地利和瑞士越来越受欢迎。

首次生产威士忌的时间： 20世纪80年代初

主要的威士忌种类： 单一麦芽威士忌、黑麦威士忌

主要的酿酒厂：
- 蓝鼠，德国
- 鹳俱乐部，德国
- 瓦尔德威特酿酒厂，奥地利
- 罗克酿酒厂，瑞士

威士忌酿酒厂的数量： 约300家

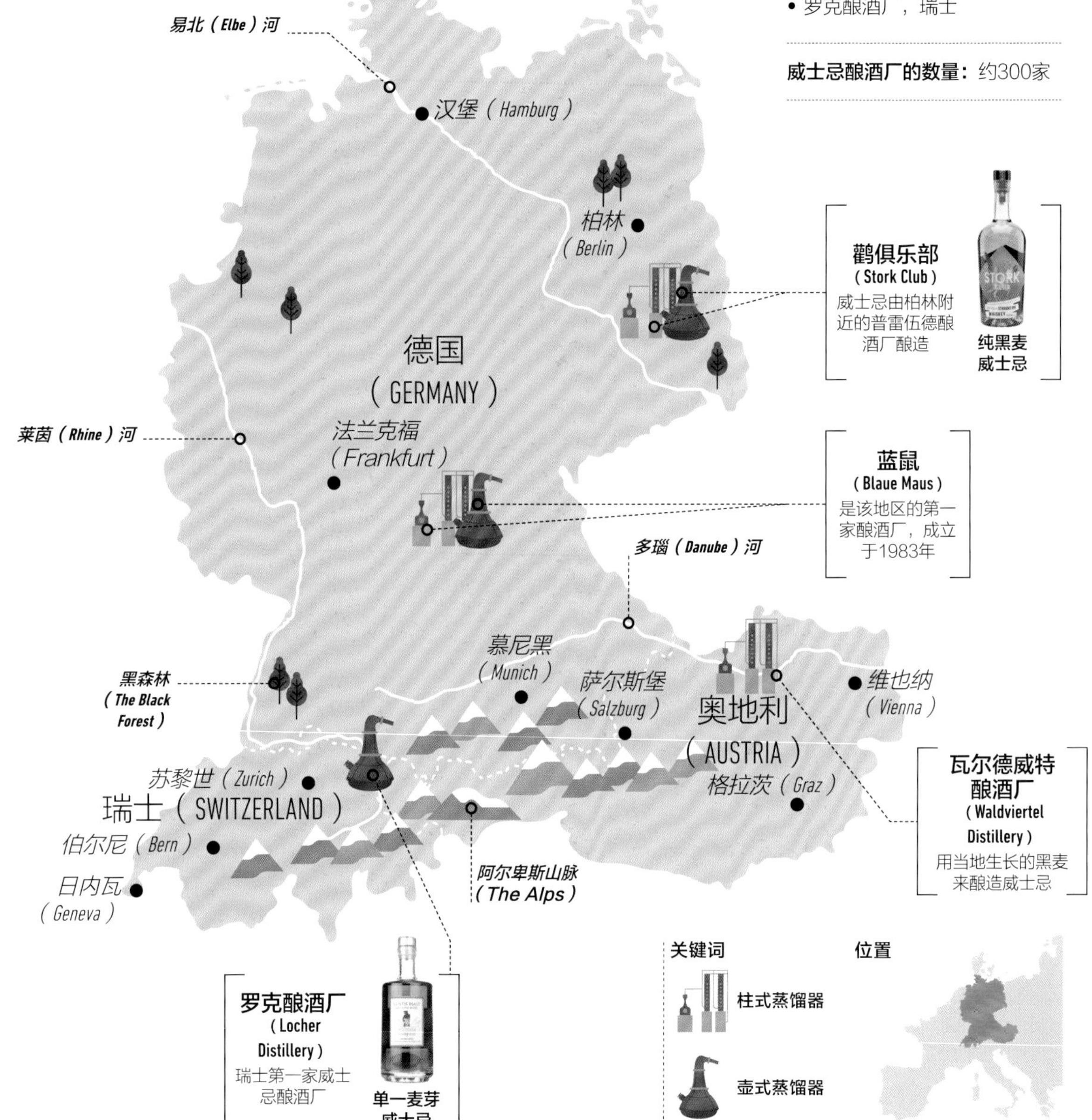

位置

我们将这三个威士忌产地归类为“阿尔卑斯山脉地区”，因为它们最著名的酿酒厂都位于阿尔卑斯山。

这条山脉构成了德国南部、瑞士中部和南部以及奥地利的大部分地区。德国是这三个国家中最大的，被莱茵河、易北河和多瑙河等河流一分为二，其中心地带森林密布。这里冬季寒冷，夏季温暖。瑞士和奥地利境内多山，属于亚北极和“海洋”气候，冬季非常寒冷，大雪覆盖，夏季短暂而温暖。

▶ **阿尔卑斯山脉地区**的气候和地貌有点像苏格兰高地，是酿造威士忌的理想地域。

酿酒厂

在这个地区，最古老的酿酒厂是德国的蓝鼠酿酒厂，成立于20世纪80年代初。

普雷伍德酿酒厂距离柏林60千米，专门生产黑麦威士忌。位于Roggenreith的瓦尔德威特酿酒厂是奥地利第一家威士忌酿酒厂，成立于1995年，它生产多种风格的威士忌，包括纯麦、黑麦和黑麦芽威士忌。在瑞士，罗克家族（the Locher）从1886年起就在阿彭策尔（Appenzell）的阿尔卑斯酒厂开始进行蒸馏。第一批瑞士纯麦芽威士忌在2002年问世。

▲ **桑蒂斯（Säntis）单一麦芽威士忌**来自瑞士的罗克酿酒厂，自称为“阿尔卑斯威士忌”（the Alpine whisky）。

背景

德国和奥地利，拥有欧洲大陆历史最悠久的威士忌酿造传统。

到20世纪80年代，这里已经具备良好的基础蒸馏设施，例如，它们能够生产白兰地和杜松子酒。20世纪90年代，反谷物蒸馏法被取消后，瑞士开始生产威士忌。许多制造商青睐黑麦威士忌，其原因是这种谷物非常耐寒，能够在该地区寒冷的条件下良好生长。“阿尔卑斯地区”产的黑麦威士忌在一些其他地区也很受欢迎，肯塔基州的野火鸡酿酒厂就是用这里的黑麦为原料生产威士忌。

品鉴 19/20 欧洲大陆威士忌

这次品鉴的是欧洲威士忌不断发展过程中出现的一些精品，重点聚焦于欧洲大陆北部及其凉爽的“苏格兰”式气候。

方法说明

欧洲幅员辽阔，威士忌品种繁多。它们非常值得探索，这里选择了四款不同风格的威士忌为代表，你也可以从专卖店买到这几款威士忌。从左到右依次品尝。

品鉴训练

你注意到芬兰的黑麦芽威士忌和德国的未发芽黑麦威士忌有什么区别吗？这两款同单一麦芽威士忌又有什么不同呢？目前为止，你已经尝试了好几款苏格兰产的泥煤单一麦芽威士忌，那就和法国威士忌对比一下吧。这次品鉴的收获就是：各地都在生产优质威士忌，产地已不再是产品质量的壁垒。

欧洲幅员辽阔，
威士忌品种繁多，
很值得我们探索。

麦克米拉布鲁克斯威士忌（Mackmyra Bruks Whisky）

单一麦芽威士忌

瑞典，耶夫勒
41.4%ABV

如果你找不到这款酒，可以用博思（Box）单一麦芽威士忌

酒体 2 这是一家引人注目的瑞典“重力”酿酒厂，于2011年开业。

淡稻草色

软、甜柑橘，植物味，草莓糖果，薄荷气味

柠檬煮糖，温热的香料和新鲜的香草，也许是百里香味

回味悠长、细腻、芳香

风味图

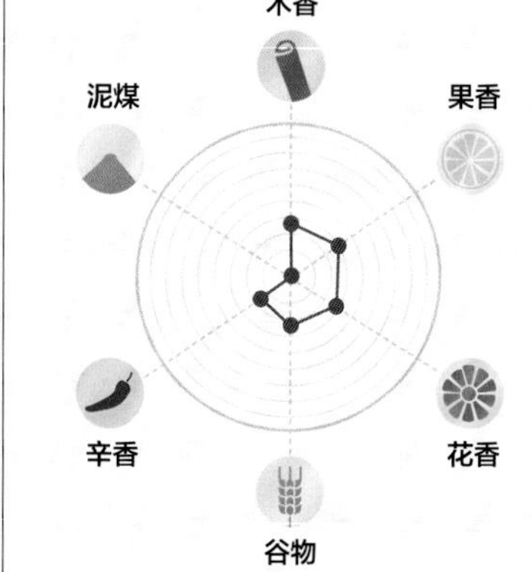

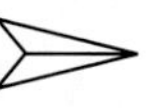

喜欢这款酒吗？试试格兰昆奇（Glenkinchie）12年威士忌

（Kornog Roc'h Hir）克朗·罗奇伊

单一麦芽威士忌

法国，布列塔尼
46%ABV

如果你找不到这款酒，可以用阿莫里克·特里格斯（Armorik Triagoz）威士忌

酒体 3

位于布列塔尼的酿酒厂，采用稀有的直火蒸馏方式。

淡稻草色

前面是令人兴奋的泥煤烟味，含有大量的甜味

烟雾缭绕的甜蜜，生梨和焦柠檬，荨麻和蕨类植物味

柔和，回味持久

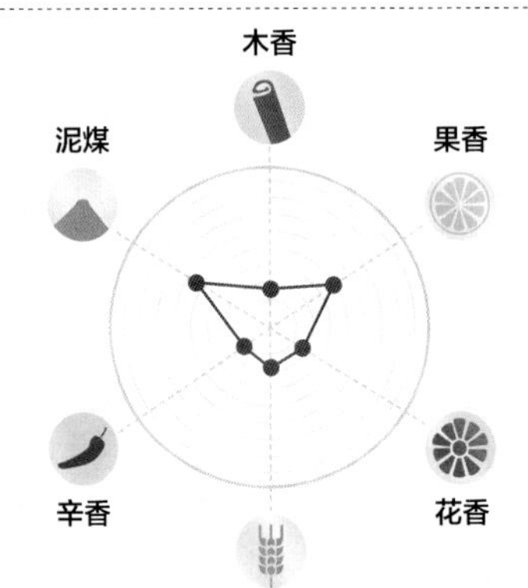

喜欢这款酒吗？试试韦斯特兰（Westland）泥煤威士忌

（Stork Club Rye）鹳俱乐部黑麦威士忌

黑麦威士忌

德国，施莱普齐希
55%ABV

如果你找不到这款酒，可以用磨石（Millstone）100黑麦威士忌

酒体 3

德国第一家黑麦酿酒厂——普雷伍德于2016年开业。

淡琥珀色

丰富的、烧糖蜜，腌肉，新鲜百里香，糖醋汁气味

焦糖和黏黏的太妃糖布丁上面堆着肉桂奶油冻味

回味悠长、甘甜、油滑

木香
泥煤
果香
辛香
花香
谷物

喜欢这款酒吗？试试瑞顿房（Rittenhouse）黑麦威士忌

（Kyro Rye）居洛黑麦

黑麦威士忌

芬兰，泰帕莱
47.8%ABV

如果你找不到这个，就用哈德逊曼哈顿（Hudson Manhattan）黑麦威士忌

酒体 4

唯一一家专注于生产黑麦威士忌的芬兰酿酒厂。

金琥珀色

经典黑麦的特色熏肉味，辣椒和胡椒气味

比鼻子所感知的**更圆润，**新鲜的红色水果，辛香却温和的香草味

口感柔软，有柑橘和香料的味道

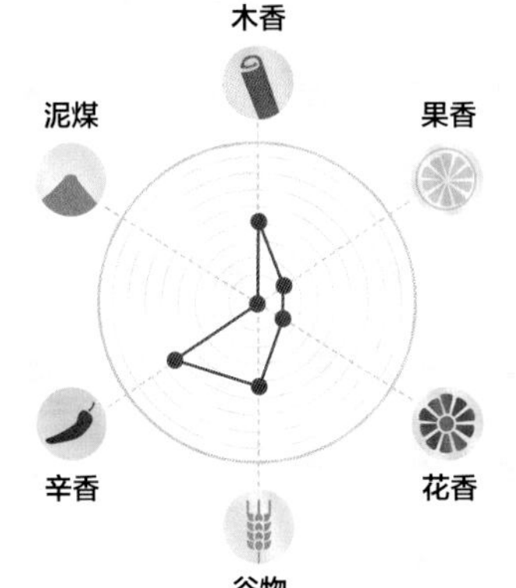

喜欢这款酒吗？试试科瓦尔（Koval）黑麦威士忌

第五章 5

威士忌专业知识

什么是威士忌？它来自哪里？它是如何酿成的？这些都是至关重要的，就像知道如何品尝一样。最后一部分内容是一些专业知识。威士忌不能在真空中享用，它是一种社交饮品，可以与他人一起享用（或偶尔单独享用），也可以与食物、鸡尾酒或调酒时搭配饮用。还有，关于喝威士忌的最佳场所、威士忌的价格以及如何保存威士忌，这些知识都同样重要。

▲ 位于旧金山的**日本威士忌酒吧**，可以为美国加利福尼亚州的饮酒者提供难以找到的日本麦芽威士忌。

品酒场所

众所周知，饮食环境会影响人的味觉和享受体验。享用威士忌最理想的场所在哪里呢？在家里吗？在酒吧吗？环境会影响你的品酒结果吗？

酒馆或酒吧

理论上，这是个好主意。但要注意的是，在酒馆或者酒吧购买威士忌可能会有昂贵的感觉，通常价格会高一些。仪式也很重要，假如你的威士忌是用不雅的高球杯或破裂玻璃杯盛着，你可以要求换成精致酒杯。幸运的是，世界各地都有专门的威士忌酒吧，能为那些想喝威士忌而又不想花太多钱的人提供服务，而且酒吧的环境也很好，把这些酒吧搜寻出来吧。这些酒吧通常由威士忌爱好者经营，顶级的酒吧会有威士忌专家提供帮助和建议。

在家里

对许多人来说，这是最简单的选择。在家里喝威士忌，地方、环境、品牌、音乐、玻璃器皿，甚至饮用威士忌数量等都可以自己控制。在家里你可能会失去一些酒吧里的气氛，但是选择在家喝酒既无

好的威士忌在哪儿喝，都是醇美的。但有一个地方，它的味道在那里往往是最好的，那就是威士忌酿造的地方。

风险，价格又便宜。

威士忌品酒会或节日

如果你是社交型或“探索”型品酒者，那么参加公共品鉴活动，是你的最佳选择。如果你正在寻找下一款最爱的威士忌，或者与酒友交换心得，那么品酒会等活动可能是为你而准备的。世界各地都有品尝威士忌的活动，为不同层次的威士忌爱好者提供服务。你可以在附近找一个，在那里可能会找到你需要的威士忌和新朋友。

绝佳的品酒地方

好的威士忌无论在哪儿喝，都是醇美的。但有一个地方，它的味道在那里往往是最好的，那就是威士忌酿造的地方。

没有什么比参观艾雷岛更好了。例如，参观你最喜欢的酿酒厂，并进行现场品鉴。好的威士忌能传达出自身的各种信息，如它的产地、原料和酿造者。从本章开始，自己走出去，去参观游览大大小小的酿酒厂吧！许多酿酒厂都位于风景迷人的地方。

重要的不是在哪儿，而是和谁

独自品尝好的威士忌当然不错。但当你与朋友分享和品尝时，则会使你回味无穷。

你们可以互相交流，回忆过去品尝过的威士忌，参观过哪一家酿酒厂等或者只是专注于享受手中的威士忌。你们可能对威士忌的不同风味和特征意见相左。这个不重要，重要的是你们在探讨。

▼ 游客在塔斯马尼亚的苏利文湾（Sullivans Cove）酿酒厂。 现场品尝是更好的了解威士忌的方法。

趣闻轶事

独立装瓶厂

你是否遇到过一瓶你最喜欢的单一麦芽威士忌，但它的标签和之前的品牌完全不同？这很有可能是一个独立装瓶威士忌。

▲ 卡登赫德（Cadenhead）小批量威士忌，标签上显示生产商是艾雷岛的卡尔·里拉酒厂——以泥煤威士忌而闻名。

什么是独立装瓶厂?

独立装瓶厂（Independent Bottler）从蒸馏厂和威士忌酒商那里购买整桶的威士忌，然后再以自己的品牌装瓶销售。大多数独立装瓶厂是苏格兰公司，它们都与蒸馏厂有着密切的联系，但它们不一定拥有酿酒厂。

有名的独立装瓶商包括戈登和麦克菲尔（Gordon & MacPhail）、卡登赫德（Cadenhead's）、贝瑞兄弟（Berry Brothers）和拉德（Rudd）、道格拉斯·梁（Douglas Laing）、穆雷·麦克戴维（Murray McDavid）以及威姆斯（Wemyss）。装瓶厂的规模大小不一。有的投资很小，每年只销售很少的威士忌；而有的很大，有数百或数千桶的原酒库存。

为什么这样做?

通常，独立装瓶厂的产品是让你体验各种风格威士忌的好机会，否则你可能会花费大笔费用。相较于较大的威士忌生产商，大多数独立装瓶厂不必承担管理费用和营销职责，但是这种情况，最近发生了变化。一般来说，独立装瓶厂的产品包装费用较低，但很精致，在装瓶时，需要特别关注瓶内酒的质量。许多装瓶产品都来自“单一桶”，也就是来自同一个橡木桶。

当你从独立装瓶厂购买威士忌时，就像买其他威士忌一样，最好在购买前先品尝一下。没有两个酒桶的酒是完全一样的，所以你可以把这项工作交给分装威士忌的专业人士。这通常是一些人的职业，比如贝瑞兄弟（Berry Brothers）的道格拉斯·麦西沃尔（Douglas McIvor），或是英国最知名、技能最高的灌装专家——卡登赫德的马克·瓦特（Mark Watt），他们都拥有数十年的分装经验。

开拓精神

独立装瓶厂的存在，对现代威士忌行业产生了巨大的影响。在苏格兰，直到20世纪60年代，还只有少数几家威士忌蒸馏厂生产单一麦芽威士忌。当时的威士忌行业几乎完全专注于生产苏格兰调和威士忌，单一麦芽威士忌只有少量。

戈登和麦克菲尔改变了这一切，它是由杂货店转型而成，并奇迹般地将生产单一麦芽威士忌变为主流。

1968年，它们推出了"鉴赏家精选"（Connoisseurs Choice）单一麦芽威士忌系列，这个系列的酒来自苏格兰各地，出口英国、美国、法国和荷兰等国，并展示了全新的威士忌形象。如果没有这样的独立装瓶厂，我们今天所享用的威士忌恐怕就不会如此丰富多彩了。

在苏格兰，直到20世纪60年代还只有少数威士忌蒸馏厂生产单一麦芽威士忌。

▼ **戈登和麦克菲尔商店，**成立于1895年，目前仍在苏格兰的埃尔金，售卖1000余款麦芽威士忌。

什么是“完美”的陈酿？

陈年威士忌究竟好不好？这取决于它的产区和酿造方法。在口味方面，“老”威士忌和“年轻”威士忌都有很多方面值得探索。

威士忌为什么需要熟成？

威士忌几乎都要经过橡木桶，而且经过长时间的熟成，在这段时间里，酒的味道会变得浓郁。

这的确是一件好事。但是，知道威士忌应该在橡木桶里放多久是很重要的，即多长时间最合适。反之，在橡木桶熟成时间太久，会对最后的味道会产生什么影响？这些问题，在这里将得到解答。

熟成多久最好

需要记住的一个关键问题是，威士忌在不同类型的橡木桶和不同的气候条件下，其熟成度是不同的。还有一个事实是，每个酿酒厂在熟成之前都会采用独有的生产工艺，这也会对威士忌产生影响。

考虑到这些因素，你会发现，几乎不可能说出威士忌最“好”的熟成年份是多少。原因是每个国家或地区的每家酿酒厂的做法各不相同，所以很难有一个统一的答案。

有最佳的威士忌年份吗？

每家酒厂都有自己的最佳熟成年龄。比如格兰杰是10年，乐加维

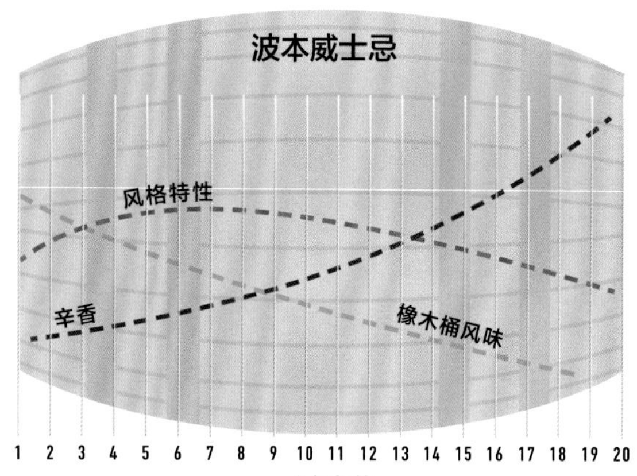

▲ **波本威士忌：**酒在橡木桶中的熟成时间会影响到波本酒的橡木风味、辛香和风格特性。另外，波本威士忌只能在新炙烤的橡木桶中熟成。

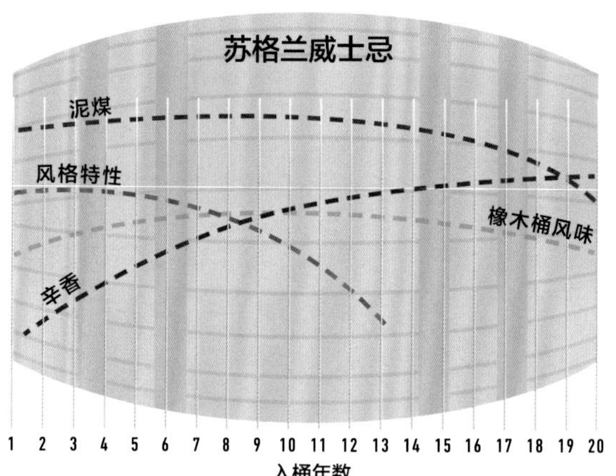

▲ **苏格兰威士忌：**在陈酿时，通常使用波本威士忌酒桶，相较于波本威士忌，苏格兰风格的威士忌有不同的熟成度和风味。例如，后者橡木桶的味道更好，辛香也不那么显著。

◀ **橡木桶的作用**不可低估。威士忌在这里得到熟成，这里也是风味产生和特点形成的地方。

林是16年。这些熟成标准是多年反复品尝和调配的结果。威士忌熟成期间有两个变化在延续：橡木桶的影响力逐渐上升，而原酒特征逐渐减少。

这就是为什么16年的乐加维林尝起来和高于或低于16年的乐加维林是不一样的。

陈年的就更好?

简单回答，是否定的。它只是更“陈”且“橡木特性更突出”，以及更昂贵。橡木桶比年份更重要，一种威士忌可以在橡木桶里存放10年或者15年。但是，如果这个橡木桶以前使用得太多或太少，那么里面的威士忌就可能不够好。

真正优质的陈年威士忌在酒桶中熟成后，酒质应该恰到好处。

当然，商业方面的考虑也很重要。许多酿酒厂和装瓶厂需要有18年、21年、25年、30年和40年的威士忌库存，以便赶上重要的周年纪念日或能带来销量的纪念活动。但是，这并不意味着这些威士忌都是优质的。

气候对陈酿的影响

随着世界各地如此多的新酿酒厂的出现，它们考虑的问题是：如何加快威士忌熟成的过程，使它们的威士忌更快地酿好。

气候较为温暖的国家和地区，如印度和中国台湾，拥有的优势反而不公平。在这些地方，威士忌在标准尺寸的橡木桶或大橡木桶中熟成，它们可以在三年多的时间里达到最佳状态。在气候较冷的地区，如苏格兰和爱尔兰，橡木桶需要更长的时间才能发挥效果。一些生产商一直在尝试使用更小、更新的橡木桶来加速熟成，而且已经取得了一定的成功。

所以，陈酿年限也不重要，重要的是品尝起来好不好。不管是多少年的酒，只要你喜欢，那就买吧。

世界上最古老的威士忌

如果你买得起的话，买一些陈年威士忌是不错的投资。

慕赫（Mortlach）70 年

这款斯佩塞威士忌于1938年装桶，2008年才装瓶，只生产了54标准瓶，每瓶零售价为1万英镑。此外，还有162款小瓶可供选择，每瓶“仅”售价2500英镑。

基拿云（Glenavon）威士忌

根据吉尼斯世界纪录，这是世界上最古老的威士忌。虽然最初的记录已经丢失，但可以确认的是，它是在1851—1858年装瓶的。

如何选购威士忌？

人们很容易认为，威士忌价格越贵，它就越“好”。价格绝对是威士忌品质的重要指标，但它并不是唯一因素。

为什么威士忌这么贵？

威士忌比伏特加和杜松子酒等烈酒的价格更贵的主要原因是，威士忌通常需要几年的时间才能熟成，因此必须储存起来。

此外，全球范围内对陈年威士忌的需求量加大，显然是没有办法得到满足的，这就意味着威士忌价格会大幅上涨。这尤其对苏格兰和日本的陈年库存造成了影响，剩余库存的市场价格也随之上涨。

酿酒厂现在正在提高产量。此外，自2000年以来，全球范围内的精酿和微型酿酒厂发展繁荣，这一切都是为了满足市场需求。

当这些新威士忌熟成后，也可能会给威士忌制造商带来价格问题。如果对威士忌的需求像历史上某些时期那样低，产品过剩可能就会导致价格下跌。

廉价威士忌就是质量差的吗？

不一定。例如，独立装瓶厂生产的威士忌，或者是超市里的自有品牌威士忌，它们的性价比是很高的。不过它们的品质也存在很大的差异，所以如果能找到酒评的话，可以参考一下。

◀ **麦卡伦（Macallan）酒厂**，以生产中高价威士忌而著名，是世界第三大畅销单一麦芽威士忌品牌。

◀ **爱丁堡皇家英里（Royal Mile）**威士忌专卖店，是世界上最著名的威士忌商店之一，以其威士忌的种类繁多和见多识广的员工而闻名。

如果你需要高端品牌的威士忌，并有一个心理价位，建议你对所在地区的威士忌价格做一些调查，这样就会有一个很好的预算基准。

应该在哪里购买威士忌?

除了有法律或宗教禁令的地区，威士忌随处可见。从超市到互联网、机场，再到葡萄酒和烈酒零售商店，在世界大部分地区都可买到，所以我们没有理由不去寻找优质威士忌。

然而，最好的选择是去一家专业的烈酒或威士忌商店，在那里你会从一个热心的同好那里得到好的建议并受到热情接待，而且有可能在现场品尝这些酒。

你也许会偶尔为产品多花点钱，但为了优质的服务、有价值的见解和你可能得到的收获，这种付出肯定是值得的，也是对当地酒商的最好支持。

国家税收

你买威士忌的费用中，税是一个重要因素。不同的国家，甚至不同的地区，威士忌的价格也各不相同，很少有威士忌在制造或销售过程中，没有支付消费税、关税或其他税收的。

不出所料，这些税并不完全受酒商和消费者的欢迎。例如，在英国，2017年苏格兰威士忌的销售税上调3.9%，导致销售额下降2.6%。

2018年，欧盟对进口的美国威士忌和波本威士忌征收25%的关税，这主要是对特朗普征收的进口钢铁税的回应。

不管是什么原因，对威士忌等“非必需品”增税往往总会导致商店里的商品价格上涨。

机场诱惑

很多人可能都经历过，经过机场商店时发现了一款你从未见过的威士忌。

你准备在机场购买时，他们会愉快地接过你的信用卡。请注意：对于这些位于机场的“独家经营”商品，不要只看精彩的外观，如果商店能提供样品，买之前最好品尝一下。

威士忌与温度

喝威士忌需要“合适”的温度吗？这是一个备受争议的话题，会引发不同的观点。更重要的是，在不同的温度下品尝威士忌对它的味道有什么影响呢？

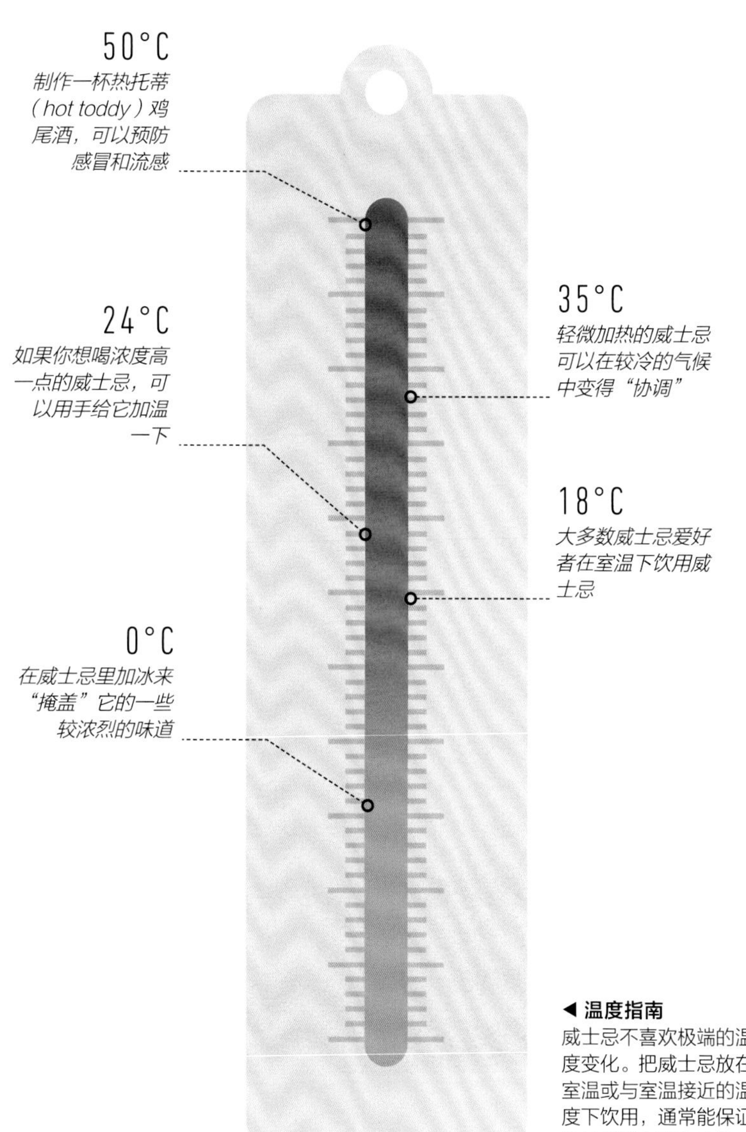

◀ **温度指南**
威士忌不喜欢极端的温度变化。把威士忌放在室温或与室温接近的温度下饮用，通常能保证你品尝到丰富的味道。

理想温度是多少？

这个问题没有正确的答案，因为它是一个非常主观的问题。

但请记住一点，尝试不同温度的威士忌之前，你应该提前做一准备。威士忌是一种优雅的饮品，价格也很昂贵，所以不能随意尝试。

首先，为了获得更多关于威士忌风味的细节和信息，你应该在室温下开始品尝它。这也是专家们的做法，酿酒师、调酒师和品酒师都是如此。这样品尝威士忌最能充分展示出它本身的味道。

有时候，在品尝威士忌的时候，会发现它的温度比你想要的低一点。如果是这种情况，只要把威士忌酒杯拿在手掌里一小会儿，让你身体的自然温度把它加热到你想要的温度。

冰与“北海效应”

一位受人尊敬的苏格兰威士忌专家提出了一个生动而有效的比喻，来描述冰对威士忌的影响。他

◀**“加冰块饮法”**将抑制威士忌的味道，但随着冰融化，威士忌的一些风味会慢慢释放。

为了获得更多关于威士忌风味的细节和信息，你应该在室温下品尝它。

提出，想象一下，在一个冬日里，光着身子走进一个高山湖泊。他问道，这会对你身体的某些敏感部位产生什么影响?

他的观点是，威士忌在太冷的时候被会“锁住”并且掩盖大部分的味道。冰也会让人感觉麻木，让你更难分辨出威士忌的本质。专家说的事实表明，“冰效应”会对威士忌味道的严重影响。但这并不是说不要加冰，选择在你。但是如果你这样做了，就要做好心理准备。

有些人喜欢热的

相反，喝太温或太热的威士忌，也无法使人得到最好的品酒体验。这也许不像冰的影响那样显著，当然你可以拒绝这种通过加热来获取强烈风味的方法。

除了做热托蒂外，你唯一应该加热威士忌的情况，可能是在非常寒冷的气候下，那时候喝威士忌（也许是在你在高山湖泊裸泳之前）才需要加热。给冷威士忌加热，将有助于“重新平衡”它的味道。

热托蒂鸡尾酒

这是一种辅助治疗感冒和流感的传统鸡尾酒，可以祛寒又十分好喝。

这不只是由于威士忌的高酒精含量有抗菌作用，还能使身体发热，另外饮料还有酸甜味。有许多热托蒂鸡尾酒配方，但可以从简单的开始：用50毫升（至少）威士忌加一个柠檬榨的汁、一片柠檬、丁香、一茶匙的蜂蜜和热水即可。

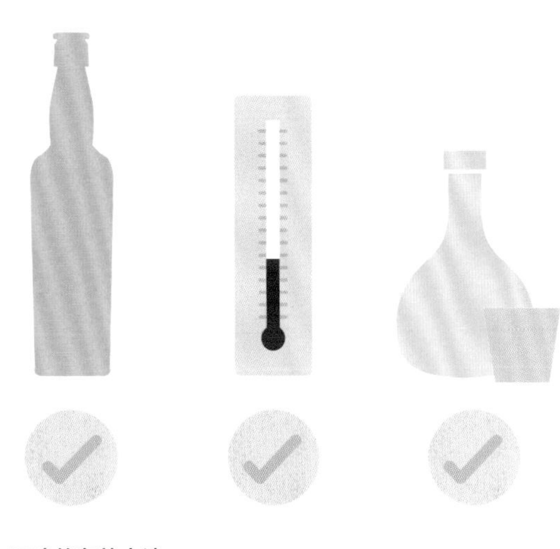

▲ **正确的存放方法**
要确保威士忌酒瓶直立放置，要保存在凉爽的环境中。开瓶之后，如果可能，请换瓶。

▲ **错误的存放法**
不要把威士忌存放在阳光直射的地方。一旦开瓶并且已经喝了很多酒，为了避免氧化，可以将酒换到较小的瓶子里。另外，酒瓶不能平放。

如何储存威士忌?

一旦你找到了自己喜欢的威士忌，并且知道了它的产地和酿造方法，下一步就是学习如何让你的威士忌在储存期间保持最佳状态。

储存

避免阳光直射，保持在凉爽或室温条件下，这是基本的常识。

如果你把威士忌装在瓶子里，就应该直立放置储存，而不是像葡萄酒那样平放，因为葡萄酒酒液与软木塞需要保持接触，以防止软木塞收缩和空气进入。酿酒商也会将大多数“优质的”威士忌使用软木塞，而不是螺旋盖封口。

有软木塞的葡萄酒酒瓶应该平放，而有软木塞的威士忌酒瓶则不应该平放，原因在于威士忌的酒精含量比葡萄酒高得多，这会导致威士忌酒瓶的软木塞随着时间的推移而被破坏。至于把酒瓶放在哪里合适？放在酒柜是许多家庭的一个特色。当然，如果你想收藏威士忌，储存的地方是需要投资的。

酒瓶或醒酒器

还记得那些很重的水晶酒瓶吗？也许你家里曾经有过，或者在电视上或老电影里看到过，这是一种很方便的饮用方式，用来展示这位喝威士忌的“英雄”是多么的优雅和浪漫。

然而，醒酒器以及醒酒的作用，最重要是为了保护珍贵的威士忌品质。

如果你有一瓶酒，无论是你自己买的，还是来自某个特殊场合，你可能是想用几个月，甚至是用几年的时间来品尝它的味道。假如还把它保存在原来的瓶内，就会有失去这瓶威士忌原来的“典型性”的风险，因为氧气会慢慢进入瓶内的空间，使酒氧化。为了阻止这一切，你最好买一套从大到小的酒瓶，可以从350mL起。当你心爱的酒还有一半满，就可以转移到350mL的酒瓶里。当其体积低于250mL时，可以将其放入200mL的瓶子中。当然，保留最初的酒瓶是为了保留它的情感价值——也有助于你记住它是哪一款——但保持威士忌的最佳状态才是最重要的。

如果是瓶装威士忌，一定要确保威士忌酒瓶直立放置，不能像葡萄酒那样平放。

威士忌在瓶子中会老熟吗？

不会，不过也许有人持相反的观点。普遍的看法和官方的科学解释是，威士忌一旦装瓶后就停止熟成，在瓶子里不会发生什么变化。化学专家也表示，一旦瓶子被密封，里面的液体就不会改变，而实际上也确实如此。

但是，在酿酒行业工作的人认为，尽管速度很慢，最终还会发生变化。

他们称之为“瓶储”，但这主要是指于几十年前瓶装的调和威士忌。如果你对这个问题感兴趣，并且有技术层面的想法，是值得探讨的。

因此，虽然我们说一瓶密封的威士忌中不发生任何化学反应，但随着时间的推移，事实会证明这种说法可能过于简单。正如大家所说，这项研究正在进行之中。

◀ **醒酒器** 曾经是由铅水晶制成，是含铅玻璃的一种，它能帮助瓶子增加光泽度。如今，醒酒器一般都是用无铅水晶制成。

威士忌混调

在喝威士忌的群体里，关于添加混合物有很大的争议。有些人选择加，有些人选择不加。只有当你试过几次之后，才会知道应该如何做出选择。

混合

在威士忌世界里，没有什么事情能如此激发起人们的激情，是否允许向威士忌中加入其他饮料？对于一些纯饮主义者来说，只能喝“纯威士忌”，或者最多加一点水。虽然这不是主流观点，但它确实代表了一个非常有影响力的思想流派。

然而，让我们不可辩驳的是，几个世纪以来，一直有人在饮用威士忌时添加其他东西。

甚至有一段时间，如果不掺点什么东西来减弱威士忌粗糙的口感，威士忌是无法入口的。如今，威士忌更加精致，复杂的生产技术保证了现代威士忌可以直接饮用。因此再也没有理由为了让威士忌适饮而在威士忌里加东西。

但这并不意味着你不能添加其他东西。我们这里说的并不是指它能提升威士忌本身的口感。相反，这样做的目的是为了让你在不合适喝纯酒的场合，也能喝上一杯令人愉快的清爽饮料。

怎样选择

你可以在威士忌里加任何你喜欢的东西。当然，也有经典的威士忌混调配方，但要找到一种适合你的饮料，试着找出最适合不同威士忌风格的口味吧！

例如，苏格兰泥煤威士忌可以和可乐搭配。这就是为什么有些人把这种组合称为“烟熏可乐”（Smoky Cokey）。试一试，可乐的甜味和威士忌的烟熏味可以很好地结合在一起。当然，还有“杰克和可乐”（Jack and Coke）的组合，这是一款经典的混合饮料，在全球享有盛誉。

如果想要不太甜的口味，姜汁啤酒可以与水果味更浓、更辛香的斯佩塞单一麦芽威士忌以及苏格兰调和威士忌搭配，它会带来更独特的味道，让人惊艳。

◀ **添加物可以“减轻”** 威士忌的味道，把它变成一种清凉饮料。威士忌加生姜和一片酸橙，是经典的搭配。

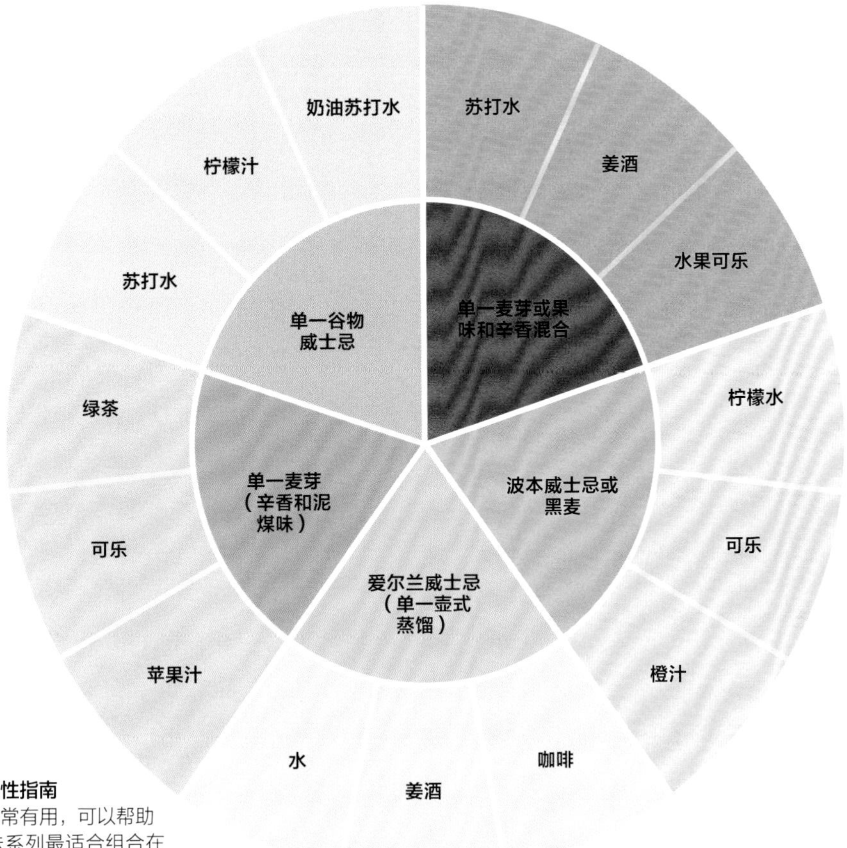

▶ **混合物的协调性指南**
这个口味转盘非常有用，可以帮助你了解哪种口味系列最适合组合在一起，以及哪里可以打破常规。

可以加柠檬水、橙汁或者苹果酒吗？从来没有规则限制，所以在你找到最喜欢的组合之前，一定要多去尝试，这是一种乐趣。当你这样做的时候，会学到更多关于不同威士忌的知识：它们复杂的味道和所属的风味系列。

例如，上图是一个非常实用、一目了然的指南，用来搭配主要风格威士忌与它们最协调的饮料，但这不是绝对的，它可作为你尝试混调威士忌的基础。毕竟，每个人都有不同的品味。

威士忌的混合没有规则限制。
所以，在你找到最喜欢的混合物之前，
一定要多去尝试，这是一种乐趣。

嗨棒 / 高杯（The Highball）

嗨棒是将威士忌中加冰块和苏打水进行混合，这是日本的普遍喝法。日本非常重视威士忌的酿造和饮用。

嗨棒发明于20世纪50年代，起源于日本第一家威士忌制造商三得利，当时的品牌是角瓶嗨棒（Kakubin Highball）。在许多日本家庭中，人们在晚餐时喝的是嗨棒，而不是葡萄酒，嗨棒在日本年轻的饮酒者中也很流行。你甚至可以在街边的自动贩卖机里买到。

威士忌的饮用场景

在错误的时间喝错威士忌会让人失望。虽然严格地说威士忌不是一种“季节性”的酒，但不同风格的威士忌确实在不同的情况下饮用效果不同。

威士忌一年四季都能喝

对于你应该喝什么，什么时候喝，没有硬性规定。但是要清楚的是，有些威士忌在特定的时间或季节，或者在不同的情况下，味道会更好。

例如，较淡的威士忌，带有更浓郁的柑橘味，适合夏季饮用。随着气温的下降，更醇厚、更具泥煤味或更辛香的威士忌适宜在秋冬季节饮用。

“情绪”和威士忌

这听起来可能有点奇怪，但是你不应该在情绪不好的时候喝威士忌。这样会影响喝酒的乐趣，而且它也不会改善你不好的情绪。

除此之外，就像你根据季节来搭配威士忌一样，你也可以根据你的情绪来搭配。通常，如果你感到心情轻松愉快，可以喝一杯轻快的威士忌。如果你是在一个更深思熟虑的心境，一些更复杂和更具挑战性的威士忌可能会更合适。一旦你有了经验积累，你就会知道哪种威士忌最适合你，既能提高你的情绪，又能振奋你的精神。

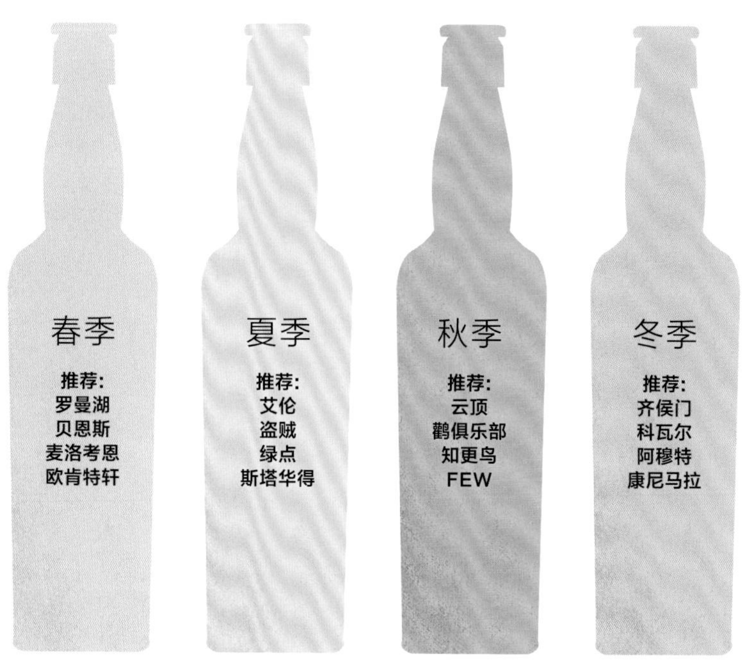

▲ **季节性威士忌**

将威士忌与一年四季的变化相匹配，“重口味”和“轻口味”的威士忌随着季节变化而变化。

用不一样的威士忌搭配不同的季节，还可以根据你的情绪来搭配。

▶ **共同的热爱** 可以极大地增强品酒经验，这意味着你可以与志同道合的威士忌爱好者分享品尝心得。

和朋友一起品酒

威士忌最好与朋友一起分享。根据大多数经验，你的酒友可以分成三类。

1. 讨厌威士忌的人

你可能会认为让他成为威士忌爱好者是你的责任。先用威士忌鸡尾酒把他们争取过来，然后再让他们自己去调酒。如果他们不喜欢，那就给他们一杯金汤力水，把好东西留给自己！

讨厌威士忌的人的选择：

- 烟熏可乐
- 威士忌和姜
- 曼哈顿鸡尾酒

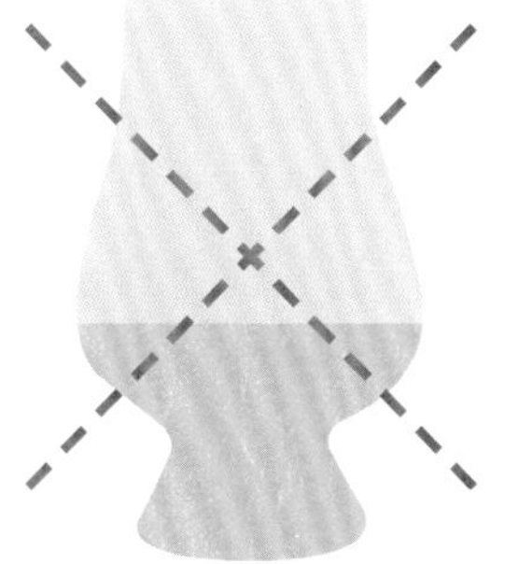

2. 威士忌好奇者

这类朋友可能试着品尝了一两款威士忌后，产生极大的兴趣，愿意尝试接受它。刚开始，不要向他们推荐泥煤味的拉弗格或辛香的科瓦尔黑麦威士忌，以免影响他们的兴趣和热情，应该引导他们逐渐成为威士忌的爱好者。

威士忌好奇者的选择：

- 知更鸟12年威士忌
- 格兰威特12年威士忌
- 噶玛兰经典威士忌
- 伍德福德珍藏波本威士忌

3. 威士忌爱好者

和他们一起会让品酒变成一种乐趣。你要找到品酒爱好相同的人，而不是喝得醉醺醺的酒鬼。应该同你最喜欢的人一起来互相交流心得，一起讨论新的威士忌和生产商。他和你一样有激情，值得成为挚友。

威士忌爱好者的选择：

- 选择权完全在你手中。是时候运用你所学的知识，展翅高飞……

品鉴 20/20

陈年各异的单一麦芽威士忌

最后一场品鉴关注点在两家著名的酿酒厂，比较两种不同年份的单一麦芽威士忌，以了解“相同”威士忌在一段时间内的变化。

方法说明

这里各有两家酿酒厂的不同年份的两款威士忌，看看它们有何区别。两款为一组进行对比，在品尝之前仔细地嗅一下，你会发现有什么不同呢？随着时间的推移，威士忌发生了什么变化呢？每个瓶子的标签上都标明了这批威士忌中最年轻的年份，也就是每个瓶子里有熟成时间短的和熟成时间长的威士忌，通常取时间短的作为年份标识。

品鉴训练

希望你能发现老的威士忌和年轻的威士忌之间有很大的区别。另外，现在你可以更好地理解随着时间的推移威士忌会产生什么样的味道。较老的威士忌，因为在橡木桶里存放的时间长，会有更加刺激和辛香的橡木味。两款威士忌没有高下之分，更重要的是你个人的感觉，以及如何享受它们。

现在你可以更好地理解随着时间的推移威士忌会产生什么样的味道。

(Old Pulteney 12YO)
老普尔特尼12年

单一麦芽威士忌

高地，维克
40%ABV

如果你找不到这款酒，可以用克里尼利基（Clynelish）14年威士忌

酒体 **3**

位于维克的酿酒厂，其造型独特的壶式蒸馏器使用没有天鹅颈状的莱恩臂。

浅金色

像烧过的火柴味，菠萝和葡萄柚，柠檬皮和蜂蜜味

香梨、桃子，轻微的胡椒味，奶油太妃糖和香草味

干，胡椒味，余味中等

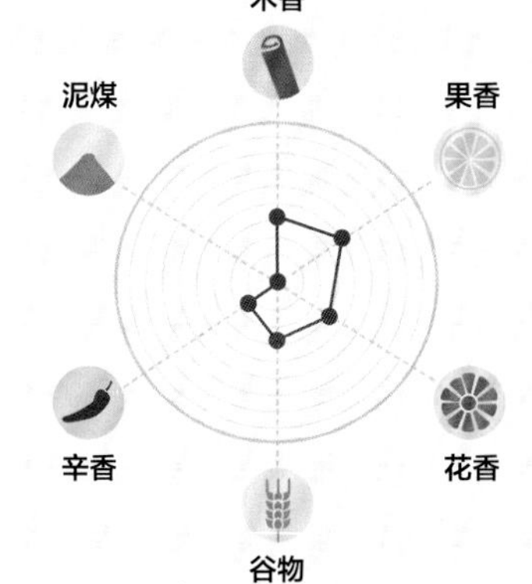

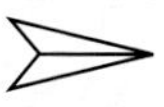
喜欢这款酒吗？试试汤马丁（Tomatin）12年威士忌

（Old Pulteney 18YO） **老普尔特尼** 单一麦芽威士忌 高地，维克 46%ABV	（Talisker 10YO） **泰斯卡10年** 单一麦芽威士忌 高地，斯凯岛 45.8%ABV	（Talisker 18YO） **泰斯卡18年** 单一麦芽威士忌 高地，斯凯岛 45.8%ABV
如果你找不到这款酒，可以用格兰凯德姆（Glencadam）18年威士忌	**如果你找不到这款酒，**可以用波摩（Bowmore）12年威士忌	**如果你找不到这款酒，**可以用波摩（Bowmore）18年威士忌
酒体 3 由于当地的禁酒令，酿酒厂于1930年开始关闭了21年。	**酒体** 4 泰斯卡是《金银岛》的作者罗伯特·路易斯·史蒂文森（Robert Louis Stevenson）最喜欢的威士忌。	**酒体** 4 这两款泰斯卡威士忌，都是在波本桶中熟成的。
金黄色	**金黄色**	**淡琥珀色**
淡淡的硫黄味，黑巧克力，橡木味，烤香草味，焦糖味	**果酱，**柑橘类的水果蜜饯，轻微的烧烤酱，咸排骨味	**干草药香，**烤杏仁馅饼。有点皮革和雪茄的味道
辛香的烤苹果味，并撒有肉桂和红糖	**柔软的水果，**香料，泥煤，然后是辣椒味	**杏子**和橘子，背景味道是胡椒和泥煤
干，薰衣草和微妙的水果，味道慢慢地消失	**胡椒让位于**泥煤味，然后是水果味	**胡椒和**泥煤味，形成一种悠长的油味
木香 泥煤 果香 辛香 花香 谷香	木香 泥煤 果香 辛香 花香 谷香	
喜欢这款酒吗？试试格兰·莫雷（Glen Moray）18年威士忌	**喜欢这款酒吗？**试试缨安岛（Inchmoan）12年威士忌	**喜欢这款酒吗？**试试高原骑士（Highland Park）18年威士忌

经典威士忌鸡尾酒

威士忌是一种复杂的烈酒，可以用来调制各种各样的鸡尾酒。下面介绍的三种鸡尾酒都是为那些喜欢威士忌鸡尾酒的人而设计的。

什么是鸡尾酒?

简单地说，它是一种用烈酒或葡萄酒作为基酒，再配以利口酒、果汁或其他调味材料（如苦味）而形成的一种混合饮品。当还可以有一些装饰物。

调制鸡尾酒是一种技术，也有人说它是一门艺术，需要调酒师根据配方和技巧进行调配，让客人真正欣赏到酒的文化和风情。

鸡尾酒看起来是一种现代饮品，但事实上有着悠久的历史。最早的蒸馏酒非常原始，所以需要添加一些柔和的东西来掩盖其粗糙的味道，这样做与其说是一种奢侈，不如说是一种必需，这是鸡尾酒诞生的基础。

鸡尾酒的功能

鸡尾酒有很多种功能。调配方法是，将一些饮料组合在一起来增强鸡尾酒的“混合”元素，从而产生一种在原来基础上意想不到的效果。鸡尾酒品种繁多，例如下文展示的鸡尾酒，更能彰显出其独特的品质和影响力。

为什么用威士忌作为基酒?

作为一种烈酒，威士忌与伏特加或杜松子酒不同，在鸡尾酒中能让人感觉到它的存在。用它调的鸡尾酒，能表现出其本身的特点。

罗伯 · 罗伊（Rob Roy）鸡尾酒，以及它的美国“兄弟”曼哈顿（Manhattan）鸡尾酒，正是遵循了这种思路。虽然只含很少的威士忌，但是它的特性使它成为人们永恒的挚爱。

古典（Old Fashioned）鸡尾酒的做法更加简单，但同样地美味。调制诀窍是，使用正宗的波本威士忌或黑麦威士忌。

最后是萨泽拉克（Sazerac）鸡尾酒。萨泽拉克诞生于崇尚享乐的新奥尔良，在那里，尽管对配方要求很严谨，但它给人们带来了乐趣。辛香的黑麦威士忌，强劲的苦味和浓烈的苦艾酒混合在一起，绝对不适合胆小的人。

还要注意的是，调制鸡尾酒所使用的威士忌应该都是你可以随时买到的。

▶ **鸡尾酒酒吧**会让你的心情备感愉悦。最好的鸡尾酒调酒师会告诉你制作鸡尾酒的过程，并教你怎么做。

罗伯·罗伊鸡尾酒

这是一款苏格兰威士忌版的曼哈顿鸡尾酒，适合在秋天饮用。

配料

50毫升苏格兰威士忌，如格兰花格或者国王街调和威士忌

25毫升甜苦艾酒

安格斯特拉（Angostura）苦精

制作

向玻璃杯中添加冰块，倒入威士忌、苦艾酒和2～3滴安格斯特拉苦精，轻轻搅拌30秒，滤入鸡尾酒杯，用红樱桃装饰。

注意：对于罗伯·罗伊鸡尾酒来说，不同的原料配方有所不同（除了主要成分），用干苦艾酒来代替甜苦艾酒，用柠檬皮来代替黑樱桃装饰，这是罗伯·罗伊的另外一个版本。曼哈顿鸡尾酒同罗伯·罗伊的区别是使用了波本威士忌或黑麦威士忌。

古典鸡尾酒

这是一款简单而经典的鸡尾酒。虽然制作需要一段时间，但值得等待，它是一杯“任何时间”都可以喝的完美鸡尾酒。

配料

50毫升黑麦威士忌或波本威士忌，如瑞顿房或科瓦尔

安格斯特拉苦精或贝乔斯（Peychaud's）苦精

3大块冰块

1块方糖或糖/糖浆

橙皮条

制作

把方糖置于玻璃杯里，加入2～3滴苦精，用勺子搅拌，可以再加一点水。

接下来，加入三分之一的威士忌和一块冰块，轻轻搅拌。

大约半分钟后，加入更多的威士忌和另一块冰，继续搅拌。加入剩下的威士忌和最后一块冰块。把橙皮在玻璃杯上扭一扭，然后放入液体中。

注意：关键是在整个过程中要不断地搅拌，使味道充分混合。

萨泽拉克鸡尾酒

这是一款具有甜、辛香和草本味道的鸡尾酒，这款鸡尾酒在2008年被指定为新奥尔良的官方鸡尾酒。

配料

75毫升黑麦威士忌（最好是萨泽拉克黑麦威士忌）

1块方糖

一小把碎冰块

安格斯特拉苦精或贝乔斯苦精

苦艾酒

柠檬皮

制作

把方糖和几滴水置于玻璃杯里，加入冰块、威士忌和两滴贝乔斯苦精和一滴安格斯特拉苦精，搅拌。

在第二个玻璃杯的内壁上涂上苦艾酒，然后将第一个杯子里的酒倒入第二个玻璃杯中，用柠檬皮装饰。

注意：尽管苦艾酒因其强劲的口感而闻名，或者有些人不喜欢它的味道，但它仍然是这款鸡尾酒的“主角”。

玻璃杯壁上的苦艾酒使鸡尾酒更具香气。

淡雅威士忌鸡尾酒

虽然在任何时候都可以享用威士忌鸡尾酒，但在温暖的季节，你会发现“清淡”的选择会更美味，爽口的配料和有趣的威士忌会搭配得很好。

开始

这些鸡尾酒的配方都是经过威士忌鸡尾酒名人堂成员品鉴和检验的，但偶尔也会有一些变化。

当自己调制鸡尾酒时，一定要考虑到：一旦你掌握了基本的调制方法，就应该学会对各种配料进行尝试。

从简单的配方开始，根据你的口味调整用料。尝试了几次之后，很快就会创造出更符合你口味的鸡尾酒配方。

同样重要的是调制鸡尾酒需要掌握娴熟的技艺。味道的结合是一个黄金组合的过程，而不是简单地把几种不同的成分混合在一起。假如你最初几次尝试制作鸡尾酒不成功，千万不要放弃，要继续试验。

混合和调配

下文选择的三个例子，都非常适合喜欢喝“清淡”鸡尾酒的人。尽管如此，威士忌在所有这些酒中仍然存在，你绝对会在每一款酒中品尝到它的个性和特点。

为了展示传统鸡尾酒的魅力，这里的碧血黄沙（Blood and Sand）鸡尾酒是用泥煤单一麦芽威士忌制成。如果你不喜欢，那就试试无泥煤味的。

威士忌酸（Whisky Sour）也一样。我们给了你一些选择，有很多其他的威士忌可以用。

虽然薄荷朱利普（Mini Julep）通常是用波本威士忌调的，但你可以用黑麦威士忌来代替，比如麦特（Michter）单一桶威士忌或布雷小批量威士忌。

最后，虽然我们建议这三款酒最适合春季或夏季饮用，当然如果你喜欢，可以随时饮用。

更多探索

在这里调制鸡尾酒，你将获得丰富的关于味道混合的经验。

▼ **鸡尾酒有着广泛的吸引力，**即使是那些声称不喜欢威士忌的人，当它与其他口味混合后，这些人也会很高兴地接受它。

威士忌酸

来自19世纪60年代的美国，这种清新柑橘味的鸡尾酒让它成为人们永恒的挚爱。

配料

60毫升波本威士忌，可以选择四玫瑰，也可以用水牛足迹。为了实现多样化，还可以试试黑麦威士忌，比如坦普尔顿黑麦威士忌（Templeton Rye）

25毫升新鲜柠檬汁

15毫升糖浆

冰

安哥斯特拉苦精

蛋清（可选）

制作

将所有配料加入鸡尾酒摇酒壶中，用力摇匀。然后将混合物过滤倒入盛满冰块的玻璃杯中。用柠檬角和红樱桃装饰。

注意：在鸡尾酒混合物中加入蛋清会使鸡尾酒更加柔滑。含蛋清的威士忌酸有时被称为波士顿威士忌酸。

薄荷朱利普

这是一款来自美国南部的波本鸡尾酒。

配料

50毫升波本威士忌，像索诺玛或伍德福德这样比较轻柔的威士忌

5毫升糖浆

新鲜的薄荷叶

碎冰

安哥斯特拉或贝乔斯苦精

苦味剂（可选）

制作

如果有的话，拿一个冰镇后的银杯或一个重的玻璃杯。将薄荷叶和糖浆搅匀，加入波本威士忌，然后倒入碎冰。

当杯中结霜时轻轻搅拌，然后加入更多的冰形成一个圆顶。最后加入一小枝薄荷和少量的苦精。

注意：这是美国南部最具标志性的饮料之一，产生于18世纪。今天，它与肯塔基赛马会紧密联系在一起，因为它已经成为肯塔基赛马会的官方推广饮料。

碧血黄沙

这是一款经典的鸡尾酒。如果你不喜欢这个配方，可以使用没有泥煤味的威士忌制作。

配料

20毫升苏格兰调和威士忌，芝华士水楢威士忌效果很好

10毫升泥煤单一麦芽威士忌，乐加维林或雅柏

20毫升樱桃白兰地，希零（Heering）有很好的天然樱桃味

20毫升甜苦艾酒

30毫升橙汁，最好是现榨的

制作

将鸡尾酒摇酒壶装满冰块，然后倒入所有的配料。盖上盖子，摇晃30秒。滤入鸡尾酒杯，饰以橙皮或樱桃。

注意：此酒起源于20世纪20年代，是鸡尾酒发明的黄金时代。它实际上是以1922年由鲁道夫·瓦伦蒂诺（Rudolph Valentino）主演的同名电影命名的，最初是用血橙的红色果汁来调酒。

▲ **食物和威士忌** 的搭配越来越受欢迎，它的香气完整又丰富，完全可以胜任佐餐的重任，比葡萄酒更合适。

威士忌与食物搭配

当威士忌与食物搭配时，有很多值得我们思考的事情。并不是所有的威士忌风格都适合每一种食物。可能需要对它们进行一些分类，但当你有了正确的方向，威士忌和食物的搭配会令人享受。

以下关于威士忌和食物的搭配，只能算是建议。希望这些能让你更好地了解不同的威士忌最适合搭配哪种食物，根据这些原则进行尝试，你可能会成为巧搭佳肴与佳酿的高手。

开胃酒

提高用餐体验的一种方式，就是将威士忌作为开胃酒。

一些清淡类型的威士忌，比如有柑橘香气的单一谷物威士忌，像贝恩斯好望角威士忌等，有助于温暖并刺激你的味蕾。

如果你觉得一开始喝“纯”威士忌浓度有点高，也可以试试爽口的鸡尾酒，比如碧血黄沙。

开胃菜

如果你要开始吃冷盘，这里有一些技巧：意大利腊肠和腊肉，具有奶油口感且咸，可与单一麦芽威士忌搭配，例如百富威士忌。

辛辣的肉类，如红辣椒辣香肠，可以用甜甜的波本威士忌来中和。

对于爱吃鱼的人来说，烟熏三文鱼也可以和单一麦芽威士忌搭配，“海盐味”的老普尔特尼12年是个不错的选择。

主菜

当然，搭配主菜的理想威士忌取决于你打算吃什么。简单地说，清淡的食物，例如意大利奶油面或鱼肉，可以和清淡的威士忌搭配——单一谷物威士忌，或者是更清淡的单一麦芽威士忌。

对于更油腻的食物，如酱汁或红肉，可以和醇厚的单一麦芽威士忌搭配。

威士忌与贝类很配，如果你吃的是龙虾、海螯虾、对虾或螃蟹，那就选择艾雷岛威士忌吧。如果是咸味、甜味和芳香的贝类，配卡尔里拉12年，味道会非常美妙，咸味和酒的醇香令人陶醉。

甜点或奶酪

所有的威士忌，即使泥煤威士忌，都有一些甜味，这使它特别适合与甜点搭配。值得一试的是，焦糖布丁搭配壶式蒸馏的爱尔兰知更鸟12年威士忌，它的甜味、辛香、香草和摩卡的味道，与甜点的奶油香草和焦糖味搭配堪称完美。

这样搭配还有一个好处，那就是奶油质地的焦糖布丁和威士忌具有协同效果。

幸运的是，对于喜欢奶酪的人来说，大多数的硬奶酪都能和大多数的威士忌搭配，所以应该尝试一下，看看什么最适合自己。较软的奶酪，如布里干酪或白干酪，以及上述的焦糖布丁，非常适合单一壶式蒸馏的爱尔兰威士忌。

更浓烈的软质奶酪，比如咸味浓郁的羊乳干酪，可以搭配味道突出的泥煤麦芽威士忌，如乐加维林16年。

餐后酒

威士忌的高酒精含量，使它能作为餐后酒饮用。它能刺激胃分泌分解食物的酶。

餐后酒要避免甜威士忌，而应该选择单一麦芽威士忌。

威士忌可以作为理想的开胃酒，特别是辛香的黑麦威士忌，可以帮助刺激味觉。

威士忌与食物的挑战

对于某些食物来说，找到与之搭配的威士忌可能是一个更大的挑战——但这是可行的，绝对值得一试。

大蒜、辣椒、芥末

辛辣的大蒜、辣椒和芥末都是味道十分强烈的食物，它们会影响你的味蕾。如果你在喝威士忌时搭配这些食物，需要适量控制。

山羊奶酪

这种乳制品会与威士忌“争夺”你的味蕾。玉米或小麦威士忌可能是最好的选择。

红肉

与烧烤的红肉搭配，可以考虑用威士忌作为酱汁和腌汁。烤牛肉和波本威士忌应该是天作之合。

威士忌和巧克力

你可能不会认同威士忌和巧克力是美妙的搭配。这一部分开始研究这个问题，它们都是奢侈的嗜好品，所以它们也许是为对方而生。

为什么是巧克力?

为什么不可能是巧克力呢？就是巧克力呀。令人兴奋的是，巧克力对威士忌有互补、融合的作用。当搭配正确时，它可以形成特别的新味道。

而且，威士忌和巧克力在制作和口味上有许多相似之处，它们能够相互搭配，并且彼此形成对比，这些组合有趣又令人愉悦。

哪种巧克力?

我们需要寻找的是威士忌和巧克力的微妙平衡。如果巧克力太甜，它的味道会随着威士忌的味道而消失；如果巧克力太苦，威士忌的味道就很难彰显出来。这可能需要反复尝试后才能找到平衡，但是尝试的过程会非常有趣。

一般来说，黑巧克力更适合搭配威士忌。黑巧克力有很多“等级”，50%左右的可可脂就会相当甜，90%的可可脂就会非常苦，这是选择可可酯含量的上下范围。

牛奶巧克力也可以，但需要非常好的质量。调味的松露是一个很好的选择，其丝滑的质地会带来意想不到的感官享受。一如既往，其中的关键就是要反复品尝。

方法

以下是品尝威士忌和巧克力的最佳方法：先喝一小口威士忌，让威士忌充满口腔的每个位置，然后咽下一点；嘴里仍含有少量威士忌，这时吃一点（但不要太多）巧克力，让它与威士忌混合。随着巧克力慢慢软化和熔化，它的味道将

◀ **威士忌和巧克力**有着相似的香气成分，它们可以和谐地融合在一起。

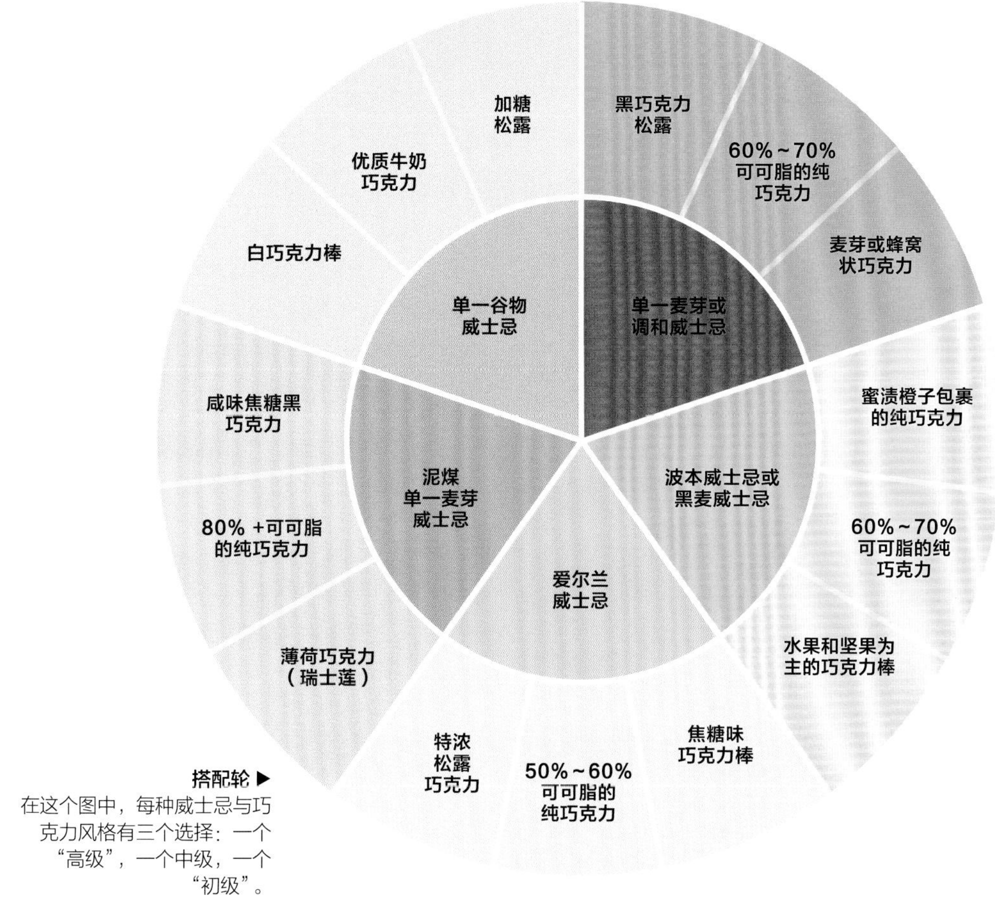

搭配轮 ▶
在这个图中，每种威士忌与巧克力风格有三个选择：一个“高级”，一个中级，一个“初级”。

开始释放，与威士忌完美地融合在一起。请享受这瞬间的美妙。

当你准备好了的时候，吞下这黏糊糊的美味。

橡木的效果

就像威士忌一样，橡木在确保威士忌和巧克力和谐融合方面扮演着重要的角色。

大多数威士忌是在橡木桶中成熟的，其中含有香草醛，当橡木桶被烧焦时，香草化合物的含量会增加。威士忌被赋予了香草的味道，就变成了巧克力最好的朋友——尤其是牛奶巧克力和黑巧克力。

对比图表

这张图表向你展示了不同的威士忌最适合搭配哪种巧克力。沿着“轮盘”走下去，你会发现不同的威士忌风格如何与特定类型的巧克力搭配，才能呈现最好的效果。看看泥煤威士忌如何“喜欢”咸的或高可可脂含量的巧克力，而甜的斯佩塞麦芽威士忌与涂满蜂蜜的巧克力如何搭配。其他的搭配就不那么明显了，它们更多的是对比而不是互补。试一试！

如果你已经掌握了这些，就根据你学到的知识来细细琢磨、完美搭配吧！

术语表

ABV：酒精浓度，指酒精的体积分数。苏格兰威士忌的酒精浓度必须达到40%ABV。

活跃木桶（Active cask）：通常是“更新鲜”的酒桶，能赋予威士忌更多的味道和颜色。

标签上的酒龄（Age statement）：指的是瓶中最短年份的威士忌熟成时间。大多数威士忌都是用不同年份的酒调配的。

天使的分享（Angel’s share）：威士忌在橡木桶里熟成时蒸发掉的部分。在气候较冷的地区，每年蒸发数量约在1%，在气候较热的地区，在15%以上。

生命之水（Aqua vitae）：*Aqua vitae*在拉丁语中的意思是“生命之水”。它的盖尔语翻译“uisge beatha”即“威士忌”这个词。

美国标准桶（ASB）：200升的桶用于波本威士忌和美国风格的威士忌的陈酿，然后再被苏格兰和苏格兰风格的生产者使用。

大麦（Barley）：世界各地常见的谷类作物。生物学名称为*Hordeum vulgare*。

啤酒（Beer）：由麦汁发酵而成的酒精饮料，其麦汁主要由大麦麦芽制得。

调和威士忌（Blended whisky）：通常由麦芽威士忌和谷物威士忌混合而成。

调和麦芽威士忌（Blended malt whisky）：由两种或两种以上单一麦芽威士忌混合而成。曾被称为“纯麦芽威士忌”或“纯麦威士忌”。

苏格兰调和威士忌（Blended Scotch whisky）：一种或多种单一麦芽威士忌与一种或多种单一谷物威士忌混合而成的威士忌。

酒体（Body）：威士忌的“重量”或口感。

波本威士忌（Bourbon）：以玉米为主要原料蒸馏出来的一种美式威士忌，在全新的内部炙烤的橡木桶中熟成而成。

桶塞（Bung）：一种常用的木塞（通常是白杨木塞），插在橡木桶的孔中。

大酒桶（Butt）：原雪莉酒熟成的桶，用于熟成威士忌，通常约500升。

木桶（Cask）：用于贮存和陈酿威士忌的木桶，通常是橡木桶。

原桶强度（Cask strength）：装瓶前没有加水的威士忌。

炙烤（Charring）：将新木桶内部烧焦，产生一层活性炭，以帮助除去酒中粗糙和其他不需要的香气，还可以使威士忌甜味和香草味增加。

冷冻过滤（Chill-filtering）：过滤掉长链脂肪酸（十六烷酸）的过程，否则威士忌在冷却或加水后会变浑浊。

柱式蒸馏器/科菲蒸馏塔（Column/Coffey still）：蒸馏塔采用连续蒸馏的方式，主要用于谷物和美式威士忌的蒸馏。

冷凝器（Condenser）：蒸馏设备的冷凝部分，用于冷却蒸馏器中的酒精蒸气并将其转化为液体。

连续蒸馏（Continuous distillation）：参见柱式蒸馏器/科菲蒸馏器。

制桶工匠（Cooper）：负责制造和维护威士忌橡木桶，通常在制桶厂工作。

玉米（Corn/Maize）：一种常见的农作物，是制作谷物威士忌的主要原料。生物学名称为*Zea mays*。

去炭化、再炭化（De-char, Re-char）：橡木桶重新利用前，会将炭化层先刮掉再进行烘烤，这样橡木桶会重新焕发活力。

蒸馏（Distilling）：通过加热把发酵液中的酒精分离出来的方法。

酿酒厂（Distillery）：生产蒸馏酒的酒厂。

二次蒸馏（Double distillation）：第一次蒸馏之后再进行第二次蒸

馏，最终获得高酒精度的原酒。通常是单一麦芽威士忌的最少蒸馏次数。

双重蒸馏（Doubler）：美国威士忌术语。通过壶式蒸馏器第一次蒸馏后再次进行蒸馏，以产生最后的酒液。

糟粕（Draff）：糖化过程中剩下的残渣。通常经过干燥、压缩后变成动物饲料。

小杯（Dram）：苏格兰威士忌用语，普遍以为是一小杯（Dram）威士忌，但它起源于拉丁语，是称小重量时用的计量单位。

滚筒发芽（Drum malting）：一种现代的大麦发芽方法。一些工厂有大型的滚筒设备，以确保谷物均匀发芽。

铺地式酒窖（Dunnage warehouse）：一种传统的仓库，用于存放注满酒液的橡木桶。

酶（Enzymes）：作为生物催化剂的一种蛋白质。它们在发芽、糖化和发酵过程中起着非常重要的作用。

酒尾（Feints/Tails）：从蒸馏器中收集的最终的酒精液体，其中含有不需要的物质。

发酵（Fermentation）：将糖转化为酒精的过程，由酵母菌在麦芽汁中完成。

余味（Finish）：咽下威士忌后残留的味道。

首次装填、二次装填等（First fill, Second fill etc.）：首次装填是将威士忌第一次装进二手酒桶，一般指第一次装填苏格兰威士忌的美国波本桶或雪莉桶。二次装填是将威士忌第二次装进酒桶。以此类推。一个橡木桶填满几次后可能会被重新炭化，以“激活”它。

香气轮盘（Flavour wheel）：视觉图，用于识别和描述味道。

威士忌组合（Flight）：一组威士忌依次上桌和品尝。

地板发芽（Floor malting）：传统的谷物发芽方法，将浸过水的大麦铺在石头地板上，然后人工定时翻一遍，使大麦均匀发芽。这种方法现在已经很少使用。

酒头（Foreshots/Heads）：最先从蒸馏器中流出的酒液，酒精含量很高，不能直接饮用。

发芽（Germination）：植物种子自然生长和发育的过程。

谷物（Grains）：用于生产威士忌的原料，主要有大麦、玉米、黑麦和小麦。

谷物威士忌（Grain whisky）：以玉米或小麦为主要原料，采用蒸馏或连续蒸馏制成的威士忌。

碎麦芽（Grist）：在加入热水之前，将大麦磨成的粗粒。

嗨棒/高杯（Highball）：由威士忌、冰和苏打水混合而成的饮料，在日本很受欢迎。

重组桶（Hogshead）：一种250升的酒桶，将较小的桶进行拆解、重组并且增加板材数量以提高其容量。

比重计（Hydrometer）：用于测量酒精浓度的密度计。

麦芽烘干室（Kiln）：将发芽大麦烘干的地方。传统的烘干方法是用泥煤生火，但现在通常是用煤炭或油。

低度酒（Low wines）：在蒸馏的第一阶段产生的酒液，其酒精浓度范围是22%～25%。

林恩臂（Lyne arm）：蒸馏器上面的一部分延伸的铜臂以连接冷凝器。

马德拉酒桶（Madeira drum）：用来酿造马德拉葡萄酒的桶。

麦芽/发芽大麦（Malt or Malted barley）：经过发芽后的大麦。

制麦（Malting）：将大麦加工成麦芽。期间大麦产生的酶将淀粉分解，后经糖化把淀粉转化成糖。

原料比例（Mash bill）：每个酿酒厂的谷物配方，描述了玉米、黑麦、小麦等在威士忌中的比例。

糖化（Mashing）：谷物淀粉转化为可发酵糖的过程。将热水和碎麦芽混合在一起，目的是溶解所有碎麦芽里的糖分。

糖化罐（Mash tun）：粉碎后的麦芽与水混合形成麦芽汁的设备，通常是不锈钢或木材制成。

调配大师（Master blender）：专业的调酒师，负责调出不同年份、不同风格或不同产地的威士忌，以调配出消费者偏爱的口味。

熟成（Maturation）：在橡木桶中陈酿威士忌的过程。

酒心/酒心分离（Middle/Spirit cut）：得到酒精后，分离酒头和酒尾，获得真正的威士忌原酒。

粉碎（Milling）：将干燥的麦芽磨成粉的过程。

水楢桶（Mizunara）：日本橡木桶，因其稀有而备受追捧，在威士忌陈酿中用得很少。

口感（Mouthfeel）：威士忌在口中的感觉。

天鹅颈（Neck）：壶式蒸馏器的主体和林恩臂连接的部分。它的宽度和高度决定了酒精蒸气的体积和流量，气体将被浓缩成液体酒精。

新酒[New-make spirit]：新蒸馏的酒，还未经过橡木桶陈酿。

嗅闻（Nosing）：评定威士忌香气的行为。

塔（Pagoda）：传统的金字塔状屋顶，用于烘麦的建筑，是大麦麦芽在窑炉干燥室中干燥时的通风处。现在主要用于装饰，因为发芽过程通常在其他地方进行。

连续蒸馏器（Patent still）：见柱式蒸馏器/科菲蒸馏器（212页）。

泥煤（Peat）：有机物的腐殖质，一种传统的燃料，当用来干燥麦芽时，酒会带有一种刺鼻的烟熏味。

泥煤味（Peated）：通常指的是一种用泥煤工艺制成的威士忌的风味。包括从轻微的烟熏（轻微的泥煤味）味到强烈的和药水味（强烈的泥煤味）。

酚类（Phenols）：在泥煤烟雾中发现的多种芳香族化合物之一。大麦中酚类物质的含量，表明了这种威士忌的烟熏程度。

聚合物（Polymers）：由两个或多个重复的化学单位组成的聚合大分子，例如：纤维素、半纤维素和木质素，这些是橡木的主要构成成分。在熟成过程中，聚合物对风味的形成起着重要的作用。

波特桶（Port pipe）：酿造完波特酒后用于熟成威士忌的桶。

壶式蒸馏器（Pot still）：制造单一麦芽威士忌最常用的蒸馏器，包含壶式蒸馏器、颈式蒸馏器和曲臂式蒸馏器等。由铜制成，因为铜这种金属能够有效地传导热量并清除酒液中的硫化物。

私酿威士忌（Poteen）：爱尔兰语，指秘密的非法酿酒。

美式酒精度（Proof）：酒精浓度，现在主要在美国使用，1Proof相当于0.5% ABV。

净化器（Purifier）：在一些蒸馏厂中，净化器是一种连接到林恩臂上的装置，它将部分酒精蒸气重新引回蒸馏锅中进行再蒸馏。

双耳小浅酒杯（葵克，Quaich）：一种传统的苏格兰威士忌酒杯，两边都有一个短把手。

回流（Reflux）：在蒸馏过程中不会到达较高位置的酒精蒸气凝结并回流下来，让它变成液体并再重新进行蒸馏。

黑麦（Rye）：生长在北欧和美国较冷地区的一种谷类作物。生物学名称为*Secale cereale*。

盘管式冷凝器（Shell and tube condenser）：冷凝水于铜管内自下而上流动与外面蒸气进行热交换，水温逐步上升，而酒精蒸气冷凝后沿铜管壁由上而下流出。

单一桶威士忌（Single barrel/Single cask whisky）：通常是单一麦芽威士忌或波本威士忌，装瓶的威士忌来自“单个”酒桶。

单一麦芽（Single malt）：由一家酿酒厂生产的百分之百的麦芽制成。通常可以从同一酿酒厂的几个酒桶中调配而成。

酒精保险柜（Spirit safe）：以前是为了防止酿酒厂逃税而设置的，蒸馏工人可以透过玻璃监控蒸馏酒的质量，并筛取酒心。

烈酒蒸馏器（Spirit still）：是二次蒸馏器，低浓度的酒液被重新蒸馏，以得到浓度更高的酒液。

蒸馏器（Still）：蒸馏液体的设备。

蒸馏技师（Stillman）：操作蒸馏器并负责提取蒸馏器中的含酒精液体的工人。

硫（Sulphur）：一种化学元素，在新酒中产生，是一种令人不愉快的（“肉味”）、生厌的（蔬菜、臭鸡蛋）味道。熟成过程中，通过炭化的橡木桶除去。

木板（Staves）：用于制作木桶的木质板材。

单宁（Tannins）：是一种存在于橡木中的游离化合物，有苦味和涩味，例如鞣酸和没食子酸。

酒泪（Tears）：倾斜酒杯时，杯壁上留下的威士忌痕迹，也称为“酒腿”。

烤桶（Toasting）：橡木桶制造过程中将橡木内壁在火上加热，产生芳香活性化合物。香兰素（甜的）和愈创木酚（辛香的）随着木材的结构成分（如木质素）的降解而形成。

三重蒸馏（Triple distillation）：将酒用蒸馏器进行三次重复蒸馏，进一步提纯。

生命之水（Uisge beatha）：盖尔语。

威士忌取样器（Valinch）：从酒桶中提取威士忌样品的传统金属管状器具。

香草醛（Vanillin）：木质素在木材热处理过程中，如木桶的炭化或再炭化，通过热降解产生有机化合物香草醛。它在陈酿期间进入酒中，是威士忌散发出类似香草甜味的原因。

酒汁/酒醪（Wash）：麦汁经酵母发酵产生的类似“啤酒”的液体，其酒精度通常在6%～8%ABV。

酒汁蒸馏器（Wash still）：用于将酒汁进行蒸馏，得到的是22%～25%ABV的低酒精度液体，称为低度数酒液。

小麦（Wheat）：用于生产苏格兰谷物威士忌和一些美国威士忌的谷物，其生物学名称为*Triticum vulgare*。

“白狗”（White dog）：美国人对新蒸馏原酒的称呼。

酒体（Weight）：有时用来描述威士忌的口感。

盘冷管（Worm tub）：传统的冷凝器，采用盘冷管经过冷凝水而提取蒸馏液体。

麦芽汁（Wort）：将麦芽加热水后搅拌过滤的液体，含有大量的糖分，麦汁经过发酵，糖转化成酒精。

威士忌（Whisky/Whiskey）：经谷物发酵蒸馏后，在橡木桶中熟成的酒。苏格兰、加拿大和日本威士忌写作Whisky，而爱尔兰和美国威士忌都用Whiskey（但不是所有的美国威士忌都使用）。

木桶收尾（Wood finishing）：威士忌经过橡木桶成熟后，从原来的橡木桶转移到另一个橡木桶，再放几个月，目的是进一步从第二个桶中提取不同种类的香味，以获得更醇厚和多元化的口感。

索引

（黑体表示在品鉴部分出现，
斜体表示在插图和说明中出现。）

A

B

C

D

E

F

Q

R

S

T

V

W

Z

图片来源

出版商谨此感谢以下人士，允许我们使用他们的**图片：**

（**图片位置表示：**a-上面，b-下面/底部，c-中间，f-远，r-右，t-顶部）。

12 盖蒂图片社：杰夫·J·米歇尔（tc）. **13 盖蒂图片社：**BJI/布鲁·简图像（bl）；威斯纳·约万诺维奇（tr）. **16 威士忌交流平台：**（bl）. **17 威士忌交流平台. 23 阿拉米图片素材库：**文化创造（RF）（tc）. **33 盖蒂图片社：**韦斯特61（tc）. **34 盖蒂图片社：**利昂·哈里斯. **35 盖蒂图片社：**慢图（t）. **38 阿拉米图片素材库：**杰里米·萨顿·希伯特（tc）. **46 阿拉米图片素材库：**文化创造（RF）（bc）. **52 盖蒂图片社：**艾伦·考普森. **59 阿拉米图片素材库：**丹尼斯·利特（tl）. **61 盖蒂图片社：**彭博（tc）. **62 盖蒂图片社：**SOPA图像（tc）. **63 阿拉米图片素材库：**祖娜·格木（bl）. 麦芽技术：（br）. **68 阿拉米图片素材库：**拉德科图像. **71 盖蒂图片社：**视觉图片（cr,bl）. **74 盖蒂图片社：**约翰·菲德莱（c）. **79 阿拉米图片素材库：**吉姆·韦斯特（tc）. **80 盖蒂图片社：**SOPA图像（bl）. **82 盖蒂图片社：**伊恩·欧利来（cl）. **83 盖蒂图片社：**伊曼纽尔·杜南/AFP（bl）. **86 盖蒂图片社：**吉尔伯特·斯图尔特（c）. **87 盖蒂图片社：**（b）. 90狄龙酿酒厂：观察设计. **91 阿拉米图片素材库：**合作福克斯（b）. **92 多林·金德斯利：**Dreamstime.com：麦克斯（b）. **93 免费干蒸馏：**（b）. **94 阿拉米图片素材库：**伊恩·达格纳尔处理（cl）. **95 阿拉米图片素材库：**dpa图片联盟（tr）. 盖蒂图片社：波特兰出版社/卡尔·D·沃尔什（bl）. **100 阿拉米图片素材库：**海伦·霍特森. **102 威士忌交流平台. 103 阿拉米图片素材库：**海瑟·阿西（bl）；阿尔伯特·科纳普（br）；伊恩·马斯特（tr）. **104 威士忌交流平台. 105 阿拉米图片素材库：**海伦·霍特森（tr）；苏格兰视角（cl）. **106 盖蒂图片社：**加文·赫里尔. **107 盖蒂图片社：**（t）；（b）. **110 威士忌交流平台. 111 阿拉米图片素材库：**大卫·波顿（bc）；设计图片公司（tr）. **112 威士忌交流平台. 113 阿拉米图片素材库：**史蒂芬·萨克斯摄影（bc）. 盖蒂图片社：特定时刻（tr）. **114 威士忌交流平台. 115 阿拉米图片素材库：**伊恩·马斯特（bc）. 盖蒂图片社：i素材库/盖蒂图片社（tr）. **118 盖蒂图片社. 119 阿拉米图片素材库：**安德烈·依佐提. **120 盖蒂图片社：**奈杰尔·希克斯. **122 威士忌交流平台. 123 阿拉米图片素材库：**（bc）. 盖蒂图片社：乔治·卡布斯摄影（tr）. **124 阿拉米图片素材库：**托菲诺. **125 阿拉米图片素材库：**大卫·L·摩尔-IRE. **128 盖蒂图片社：**M·斯威特制片公司. **130 盖蒂图片社：**i素材库/盖蒂图片社（br）. **131 阿**

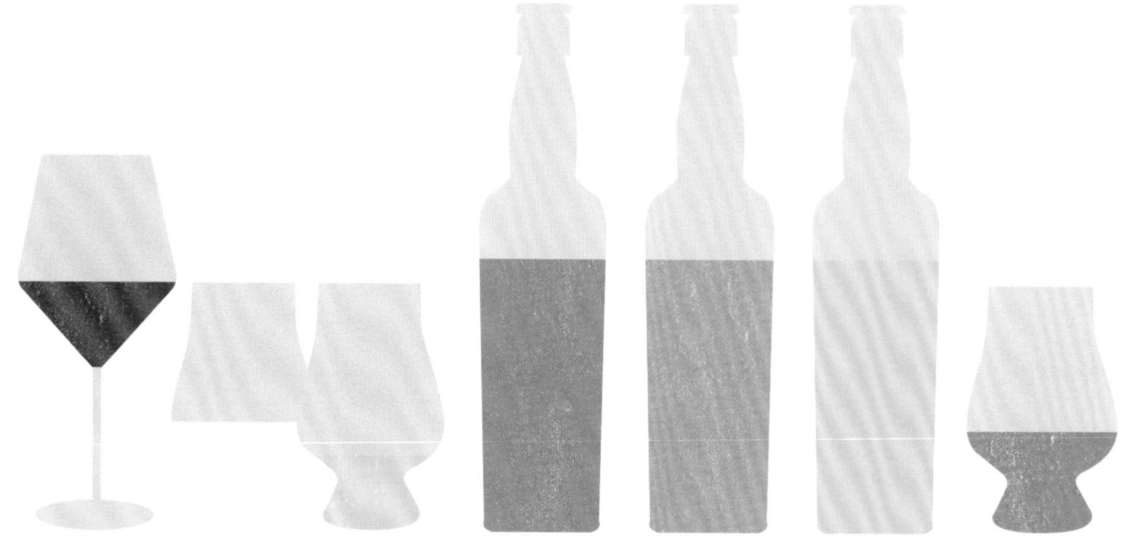

拉米图片素材库：丹尼尔·登普斯特摄影（bc）.威士忌交流平台. **132 阿拉米图片素材库：**米拉（tr）. **133 阿拉米图片素材库：**皮特·霍利（tc）. 麦芽大师威士忌交流平台. **134 麦芽大师. 135 阿拉米图片素材库：**斯科特·威尔逊（tr）. 盖蒂图片社：彭博（bc）. **136 麦芽大师. 威士忌交流平台. 137 阿拉米图片素材库：**埃弗雷特历史收藏（bc）；A·T·威利特（tr）. **139 盖蒂图片社：**马特奥·科伦波（t）. 太希尔城酿酒厂：（b）. **142 威士忌交流平台. 143 阿拉米图片素材库：**阿特拉照片图书馆（tr）. 盖蒂图片社：罗伯特·马卡多·诺亚（bl）. **144 阿拉米图片素材库：**利昂·威丁格. **145 免费干蒸馏. 146盖蒂图片社：**马泰奥·科伦波（c）. **148 威士忌交流平台. 149 阿拉米图片素材库：**Newscom（bc）. 盖蒂图片社：DoctorEgg（tr）. **152 盖蒂图片社：**大卫·乐弗朗. **153 盖蒂图片社：**（l）；南华早报（r）. **155 盖蒂图片社：**哈曼·科塔（tr）. 约翰酿酒制作有限公司：（b）. **156 威士忌交流平台. 157 阿拉米图片素材库：**肖恩·帕沃内（t）. 盖蒂图片社：（b）. **160 阿拉米图片素材库：**DPK-图片. **163 盖蒂图片社：**（b）；（t）. **164 威士忌交流平台. 165 阿奇玫瑰酿酒公司：**（b）. 盖蒂图片社：理查德·夏洛克（t）. **166 德莱曼酿酒厂：**（tr）. 詹姆斯·塞奇威克酿酒厂：（bl）. **167 盖蒂图片社：**（t）. 詹姆斯·塞奇威克酿酒厂. **170 盖蒂图片社：**R·A·基尔顿.173盖蒂图片社：柯达25（t）.希利：（b）. **177 盖蒂图片社：**凯文·布威尔（t）. 瑞典麦克米拉威士忌有限公司：西蒙·塞德奎斯特，约翰·奥尔森（b）. **179 盖蒂图片社：**API（br）；吉娜·普利科博（bl）.普尼威士忌：（tr）. **181 多林·金德斯利：**Dreamstime.com / Elenaphotos（t）. 森提斯麦芽厂：（b）. **186 盖蒂图片社：**彭博（t）. **187 盖蒂图片社：**马克·科尔贝（b）. **188 威廉·卡登赫德有限公司. 189 戈登&马安德. 191 盖蒂图片社：**利昂·哈里斯. **192 盖蒂图片社：**马特·莫森/柯比斯纪录片. **193 盖蒂图片社：**彭博. **195 123RF.com：**亚切克·诺瓦克（t）. 盖蒂图片社：乔安娜·帕金（b）. **197 阿拉米图片素材库：**罗恩·萨姆纳斯. **198 123RF.com：**布伦特·霍法克. 201123RF.com：光野工作室. **204 阿拉米图片素材库：**奥勒克山德·索库连科. **205 123RF.com：**a41cats（tl）. 阿拉米图片素材库：布伦特·霍法克（tr）；劳伦·金（tc）. **206 盖蒂图片社：**韦斯特61. **207 123RF.com：**布伦特·霍法克（tl）；埃琳娜·韦谢洛娃（tc）；布伦特·霍法克（tr）. **208 盖蒂图片社：**德米特里·巴拉诺夫. **210 123RF.com：**科里·帕德巴德.

致谢

作者和出版商感谢以下个人和组织提供的帮助、建议和产品，没有他们，本书便不可能出版。

威士忌交流平台（www.thewhiskyexchange.com），提供关于威士忌图片的宝贵帮助。

麦芽大师（www.masterofmalt.com）提供关于威士忌样品的帮助。

样品赞助方：

阿马托斯饮品（Amathus Drinks）、帝亚吉欧凯尔特威士忌公司（Celtic Whisky Compagnie Diageo Plc）、爱丁顿宾三得利（Edrington-Beam Suntory）、海勒路边酒庄（Hellyers Road Distillery）、英泰博集团（Interbev Group），MPR信息（MPR Communications）、水库酿酒厂（Reservoir Distillery）、智慧信息（Smarts communication），专业烈酒品牌联盟（Speciality Brands Spirit Cartel）、PR故事（Story PR）、泰勒策略（Taylor Strategy）。

编辑支持：

杰米·安布罗斯、约斯特·戴贝尔、罗纳·斯基恩、玛丽·洛里默、约翰·弗兰德。

技术资料支持：

福赛思（Forsyths）、苏格兰威士忌协会、加拿大威士忌：新的便携型威士忌专家——达文·德·克哥莫、安迪·沃茨、安格斯·麦克雷德、比利·艾博特。

埃迪也要感谢以下这些人的支持：

20世纪90年代末纽卡斯尔奥德宾斯酒业（Oddbins）的全体成员——你知道我说的是谁！

格雷姆·赖特“首长”、查尔斯·麦克莱恩、科林·邓恩、安德鲁·福雷斯特博士、大卫·布鲁姆、苏克班德·辛格、比尔·拉姆斯登博士、道格拉斯·默里、阿肖克·克拉林姆、吉姆·思旺博士、米奇·海德、杰基·汤普森、道格·麦福吉、常岚博士、迈克尔·莫里斯、乔·克拉克、蒂姆·福布斯、奥利弗·奇尔顿、海伦·斯图尔特、朱莉·汉密尔顿和格拉斯哥船员，约翰尼·麦克米兰、国际葡萄酒暨烈酒大赛（IWSC）评审团成员、艾伦·吉本斯。我要感谢一起从事威士忌工作的同事、好朋友、客户。感谢威士忌酒廊团队（在过去的一年里容忍我），感谢我的家人，特别是我爸爸，他帮助我修正语法和标点符号。

最后，我的妻子阿曼达是我最大的支持者，没有她，这一切都不会成功。